新能源汽车技术（第2版）

主　编　马文胜　杜丹阳　王爱兵

副主编　胡瑞雪　张华鑫　牛晓燕　师荣艳

主　审　郝金魁

北京理工大学出版社
BEIJING INSTITUTE OF TECHNOLOGY PRESS

内 容 简 介

本书系统的介绍了目前新能源汽车的类型、关键技术和发展现状等。通过车型实例详细描述了纯电动汽车、混合动力电动汽车、燃料电池电动汽车及其他清洁能源汽车的基础知识，并对新能源汽车的电池、电机与电控技术做了系统介绍。全书共分为七个项目，内容详实，图文并茂，选取了大量实例，对普及新能源汽车的基础知识具有很大意义。

本书可作为高等院校、高职院校汽车类专业相关教材，也可以作为新能源汽车运用与维修专业教材，也可用于各类汽车培训机构参考教材或新能源汽车维修企业技术人员自学参考用书。

版权专有　侵权必究

图书在版编目（CIP）数据

新能源汽车技术/马文胜,杜丹阳,王爱兵主编.
－－2 版. －－北京:北京理工大学出版社,2023.6
ISBN 978 － 7 － 5763 － 2526 － 3

Ⅰ. ①新… Ⅱ. ①马… ②杜… ③王… Ⅲ. ①新能源 －
汽车 Ⅳ. ①U469.7

中国国家版本馆 CIP 数据核字(2023)第 116658 号

责任编辑：张鑫星		**文案编辑**：张鑫星	
责任校对：周瑞红		**责任印制**：李志强	

出版发行 / 北京理工大学出版社有限责任公司

社　　址 / 北京市丰台区四合庄路 6 号

邮　　编 / 100070

电　　话 / (010) 68914026（教材售后服务热线）
　　　　　　(010) 68944437（课件资源服务热线）

网　　址 / http://www.bitpress.com.cn

版 印 次 / 2023 年 6 月第 2 版第 1 次印刷

印　　刷 / 涿州市新华印刷有限公司

开　　本 / 787mm×1092mm　1/16

印　　张 / 10.75

字　　数 / 250 千字

定　　价 / 68.00 元

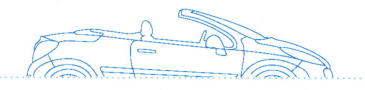

前 言
PREFACE

作为国民经济的重要支柱产业，汽车产业在国民经济和社会发展中发挥着重要作用。随着我国经济的持续快速发展，今后较长一段时期，汽车需求量仍将保持增长势头，由此带来的能源紧张和环境污染问题将更加突出。新能源汽车利用新兴能源为汽车提供动力，有效缓解了能源危机和环境污染等问题。以纯电动汽车、混合动力汽车和燃料电池汽车为代表的新能源汽车，已经成为当今汽车工业发展的重要课题。

为推动新能源汽车产业高质量发展，加快建设汽车强国，2021年国务院颁发《新能源汽车产业发展规划（2021—2035年）》，其中提出发展新能源汽车是我国从汽车大国迈向汽车强国的必由之路，是应对气候变化、推动绿色发展的战略举措。我国坚持纯电驱动战略取向，新能源汽车产业发展取得了巨大成就，成为世界汽车产业发展转型的重要力量之一。为了普及新能源汽车的基础知识，了解行业发展现状，我们组织编写了《新能源汽车技术（第2版）》一书。

本书全面而系统地论述了新能源汽车的基础知识，共分为7个项目，分别介绍了新能源汽车的定义与分类，汽车电动化技术的基础知识，纯电动汽车、混合动力汽车、燃料电池电动汽车、其他清洁能源汽车和电动汽车高压安全与使用等。本书力求做到文字准确、精练，插图清晰、正确，内容系统、先进，以便读者能够通过自学掌握新能源汽车相关的关键技术。本书可作为高职高专院校汽车专业相关教材，也可作为汽车新技术培训参考教材和汽车维修企业技术人员自学参考用书。河北交通职业技术学院马文胜、杜丹阳、王爱兵担任主编，河北交通职业技术学院胡瑞雪、张华鑫，河北工业职业技术大学牛晓燕，石家庄理工职业学院师荣艳担任副主编，河北交通职业技术学院郝金魁担任主审。

编者在本书的编写过程中查阅了大量的书籍、文献和网上资料，引用了一些网上资料和参考文献中的部分内容，在此特向其作者以及图片的拍摄者表示深切的谢意。同时，对郑州宇通重工有限公司的曹红亮高级工程师表示感谢。

由于新能源汽车技术飞速发展，各车厂生产的新能源汽车技术设计差异很大，加之作者水平有限，书中不妥和疏漏之处在所难免，敬请广大专家和读者批评指正。

编 者

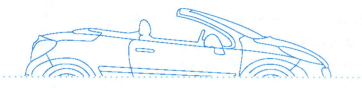

目 录
CONTENTS

项目一
新能源汽车概述

通过本项目的学习，学生能够了解新能源汽车的概念与范畴，认知发展新能源汽车的必要性，了解国内外新能源汽车的发展现状和趋势。

目前，随着全球能源和环境问题的不断凸显，汽车作为石油消耗和二氧化碳排放的大户，需要进行革命性的变革，发展新能源汽车已经成为世界各国的共识，我国更是将其列入七大战略性新兴产业之中。进入21世纪，国外各大汽车公司纷纷制订新能源汽车开发计划，国内的比亚迪、北汽等自主品牌的新能源汽车也异军突起。那么，为什么新能源汽车会引起如此多的关注呢？新能源汽车主要包括哪些类型呢？

任务一　新能源汽车的发展背景

汽车工业在促进世界经济飞速发展和给人们提供便利的同时，又展现出了其双刃剑的另一面——将能源与环境问题推到了日益尴尬的处境。"能源、环境和安全成为21世纪世界汽车工业发展的3大主题"。其中，能源与环境问题作为全球面临的重大挑战和制约汽车工业可持续发展的症结所在，更成为重中之重。

一、新能源汽车与能源短缺问题

能源是人类生存与经济发展的物质基础，然而，随着世界经济持续、高速地发展，能源短缺等问题逐渐加深，能源供需矛盾日益突出，表现形式为现有能源供应体系对化石燃料的过度依赖。目前，全世界依赖最深的主要能源集中于第一位的石油以及占第二位、第三位的煤炭和天然气，而汽车消耗的能源几乎完全依赖于石油的制成品。根据专家预测，按目前的消耗量，石油、天然气只能维持不到半个世纪，煤炭也只能维持一二百年，所以不管是哪一种常规能源结构，人类面临的能源危机都日趋严重。

目前世界汽车保有量已突破 10 亿辆，并以每年 3 000 万辆的速度递增，预计到 2050 年将增长到 35 亿辆。美国能源部预测，2050 年全球石油需求与常规石油的供需缺口几乎相当于 2000 年世界石油总产量的两倍。世界著名的美国汽车行业杂志 Wardsauto 公布，预计到 2030 年全球汽车保有量将突破 20 亿辆，主要增量来自发展中国家。石油在交通领域的消费逐年增长。国际能源机构（IEA）的统计数据表明，2001 年全球 57% 的石油消费在交通领域（其中美国达到 67%）。如果这个领域对石油依赖有所减轻，那么石油依赖的"病情"将会得到控制。

随着中国经济水平的不断提升，中国汽车保有量一直处于上升的状态。2012 年中国汽车保有量为 1.21 亿辆，2020 年中国汽车保有量增长至 2.81 亿辆，如图 1.1 所示。

图 1.1　2012—2020 年中国汽车保有量走势图

2017 年以后，中国汽车行业进入调整期，汽车产销量均有所下降。2011 年中国汽车产量为 1 841.9 万辆，汽车销量为 1 850.5 万辆；2019 年中国汽车产量为 2 552.8 万辆，汽车销量为 2 576.9 万辆；2020 年，汽车产销分别完成 2 522.5 万辆和 2 531.1 万辆，如图 1.2 所示。

汽车保有量的不断攀升，导致我国石油消耗量日益升高，石油对外依存度也不断升高。中石油经济技术研究院在北京发布的《2015 年国内外油气行业发展报告》中显示，2015 年，中国石油消费持续中低速增长，对外依存度首次突破 60%，达到 60.6%，成品油净出口量连续三年大幅递增，汽车行业与石油的矛盾越演越烈。

数据显示，从 1993 年开始，我国已成为石油净进口国，至 2009 年，我国原油对外依存度就已突破 50% 的警戒线；2022 年，我国原油对外依存度为 71.2%。

在我国，交通运输业是仅次于制造业的石油消费第二大行业，全行业的能耗占全国总能耗的 8% 左右。我国汽车汽油、柴油消费量占石油制品总消费量的一半左右，而我国交通运输行业的能源利用效率与世界先进水平相比明显偏低，其中载货汽车、内河船舶每百吨公里油耗分别比发达国家高出 30%、20% 以上。截至 2020 年年底，我国汽车保有量达 2.81 亿辆，年耗油达 2.27 亿 t。

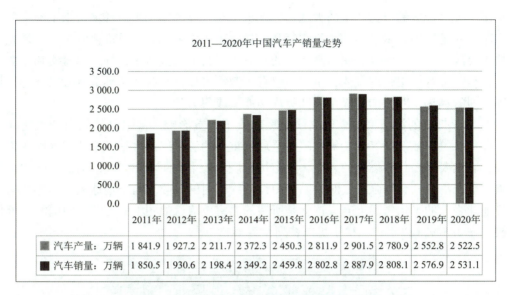

图 1.2 2011—2020 年中国汽车产销量走势图

	2011年	2012年	2013年	2014年	2015年	2016年	2017年	2018年	2019年	2020年
■ 汽车产量：万辆	1 841.9	1 927.2	2 211.7	2 372.3	2 450.3	2 811.9	2 901.5	2 780.9	2 552.8	2 522.5
■ 汽车销量：万辆	1 850.5	1 930.6	2 198.4	2 349.2	2 459.8	2 802.8	2 887.9	2 808.1	2 576.9	2 531.1

图表标题：2011—2020年中国汽车产销量走势

二、新能源汽车与环境污染

汽车保有量的持续攀升，不仅给能源带来危机，同时传统汽车排放的尾气给环境带来了巨大的危害。2012—2017 年，我国部分地区持续长时间被雾霾笼罩，空气质量已经达到了严重污染程度，如何控制和降低汽车尾气排放带来的污染也是亟须解决的一大课题。环保部发布的《2022 年中国机动车污染防治年报》显示，全国机动车排放污染物 4 607.9 万 t，机动车污染已成为我国空气污染的重要来源，是造成阴霾、光化学烟雾污染的重要缘由。

机动车排放的污染物主要包含四项：氮氧化物（NO）、颗粒物（PM）、碳氢化合物（HC）和一氧化碳（CO）。2021 年，全国机动车四项污染物排放 1 557.7 万 t，其中，汽车是污染物排放总量的主要贡献者，其排放的 CO、HC、NO_x 和 PM 占比超过 90%。

汽车尾气排出大量的一氧化碳、碳氢化合物、氮氧化物、细微颗粒物及硫化物等，这些一次污染物还通过大气化学反应生成光化学烟雾、酸沉降等二次污染物，对人们的身体健康、城市大气环境和生态系统造成了一系列危害，主要表现在：

（1）汽车排放的污染物给人们的身体健康带来了严重危害。汽车排放的一氧化碳，与血红素的亲和力比氧气与血红素的亲和力要大 210 倍，侵入人体便很快与血液中的血红素相结合而成为一氧化碳血红素，当其占到人体内总血红素的 10% 时，就会对人的学习、工作带来不良影响；当占到 20% 时，人就会感到头痛、头晕，出现中毒现象；占到 60%～65% 时，人就会死亡。大气中过高的一氧化碳含量对于人体的危害很大，达到百万分之十时，人长期接触就会慢性中毒，当含量达到 1% 时，人只能活 2 min。

汽车排放的碳氢化合物含 200 多种有机物成分，部分有机成分被证明是致癌物质，如苯等多环芳香烃类物种，在人体内具有长期积累效应。此外，汽车排放的碳氢化合物与氮氧化物在强烈的日光作用下会进一步发生光化学反应，形成毒性很大的光化学烟雾。光化学污染是汽车排放废气造成的极为严重的大气污染现象，对人体健康和生态环境带来了严重危害。

汽车排放尾气中含量较多的一氧化氮和含量较少的二氧化氮，总称氮氧化物，是光化学烟雾的主要因素。医学研究表明，高浓度的一氧化氮会引起人体中枢神经的瘫痪和痉挛；二氧化氮则是一种毒性很强的气体，是红褐色有刺激性气体，当含量达到百万分之五时，就会闻到很强烈的臭味，对人的呼吸系统和免疫功能造成很大危害。

（2）汽车排放的污染物对全球气候变暖造成了严重影响。温室气体是指二氧化碳、甲烷、一氧化二氮、氟氯烃等。二氧化碳是全球最重要的温室气体之一，是造成气候变化的主要原因，它主要来自化石燃料的燃烧。汽车每燃烧 1 kg 汽油排出 3.08 kg 的二氧化碳。当二氧化碳含量升高时，会增强大气对太阳光中红外线辐射的吸收，阻止地球表面的热量向外散发，使地球表面的平均气温上升，这就是所谓的温室效应，如图 1.3 所示。中国的二氧化碳年排放量在 8.3 亿 t 以上，仅次于美国，列世界第二位。

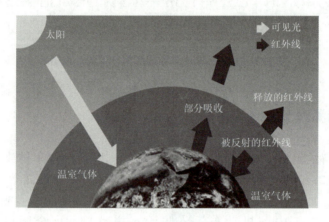

图 1.3　温室效应

以石油产品为燃料的汽车，除了产生大量的温室气体二氧化碳，还产生一氧化碳、碳氢化合物、氮氧化物和颗粒物等有害的污染物，在控制汽车氮氧化物的排放时，广泛采用汽车尾气催化转化技术，部分催化剂在对氮氧化物进行转换过程中产生一氧化二氮的排放，另外，汽车使用过程中不可避免地产生空调器的制冷剂（氟氯烃）泄漏等，也是产生温室气体的重要原因。

随着汽车保有量的增加，由汽车排放产生的温室气体所占的比重还会增加，所以，汽车对全球气候变暖有着重大的影响。汽车污染物排放给交通干线等人口密集区人们的健康造成严重危害，给人类生存的大气环境带来了严重污染，必须采取有效措施减少或者消除。

✵ 三、发展新能源汽车的意义

面对能源、环境的挑战，发展节能与新能源汽车技术成为必然。新能源汽车代表了世界汽车产业的发展方向，是未来世界汽车产业的制高点，是世界各主要国家和汽车制造厂商的共同战略选择。从国家战略的高度来审视，大力发展新能源汽车是新一轮的经济增长点的突破口和实现交通能源转型的根本途径。我国汽车工业正积极参与到这场全球性的新能源汽车的竞争当中，实现汽车工业的健康快速发展。

任务二　新能源汽车的定义与分类

新能源又称非常规能源，是指传统能源之外的各种能源形式，也指刚开始开发利用或正在积极研究、推广的能源。新能源汽车指采用非常规的车用燃料作为动力来源，综合车辆的动力控制和驱动方面的先进技术，形成的技术原理先进，具有新技术、新结构的汽车。

一、汽车新能源的种类

汽车新能源主要包括天然气、液化石油气、醇类燃料、二甲醚、生物柴油、氢气、太阳能等。根据英国石油公司（BP）预测，到 2030 年，全球能源需求增长中的 1/3 将来自天然气、生物燃料和其他可替代燃料。

1. 天然气

天然气是一种气态化的石化燃料，主要存在于油田和天然气田。天然气和油田的石油伴生气的主要成分是甲烷。甲烷在大多数天然气中占 90% 以上，有的甚至占 95%～98%。甲烷在石油伴生气中一般占 80%～85%，比在天然气中占的量低一些。

天然气的体积低热值和质量低热值略高于汽油和柴油，但理论混合气热值比汽油和柴油低。应用于汽车时，在排放方面具有明显的优势。与汽油车相比，天然气汽车颗粒排放几乎为零，NO、CO 和 HC 的排放也显著降低，所以天然气汽车在改善空气质量方面有着重要意义。因此，天然气汽车技术也得到了快速发展，从过去的常压天然气汽车发展到压缩天然气（CNG）汽车和液化天然气（LNG）汽车。

天然气只能点燃而不能压燃，应用于汽车发动机时，主要采用两种燃烧方式：一是火花点火式；二是利用柴油引燃柴油天然气混合燃料。按燃料供给方式可以分为：单燃料天然气汽车，发动机为预混、点燃式；天然气－汽油两用燃料汽车，发动机的基本结构与汽油机供给系统变化不大，具有天然气和汽油两套燃料系统，可以对现行汽油车直接加装天然气系统，成为天然气－汽油两用汽车；天然气－柴油双燃料汽车，利用柴油引燃天然气－柴油混合燃料。

2. 液化石油气

液化石油气（LPG）是原油炼制汽油、柴油过程中的副产品，其来源广泛，可以从石油伴生气或天然气中通过炼油厂催化裂化装置获得。液化石油气的主要成分是丙烷 C_3H_8，此外还含有少量的丁烷 C_4H_{10}、丙烯 C_3H_6 和丁烯 C_4H_8。

液化石油气的特点与天然气相似，天然气的体积低热值和质量低热值略高于汽油，但理论混合热值比汽油低，液化石油气介于天然气和汽油之间。在应用于汽车时，具有燃烧完全、积炭少、排放污染物少、怠速和过渡工况运行稳定性好等优点。

液化石油气同样只能点燃而不能压燃，应用于汽车发动机时，主要采用两种燃烧方式：一是火花点火式；二是利用柴油引燃柴油－液化石油气混合燃料。按燃料供给方式可以分为：单燃料 LPG 汽车，发动机为预混点燃式；LPG－汽油两用燃料汽车，可以视情况交替使用 LPG 或汽油，具有 LPG 和汽油两套燃料系统，可以对现行汽油车直接加装 LPG 系统，成为 LPG－汽油两用汽车；LPG－柴油双燃料汽车，利用柴油引燃 LPG－柴油混合燃料。

3. 醇类燃料

目前最广泛的醇类代用燃料主要是甲醇和乙醇。甲醇（木醇或木酒精）主要由天然气、重油、石油脑、液化石油气、煤炭、油页岩、木材和垃圾等物质提炼而成；乙醇俗称酒精，主要通过含糖类作物（甘蔗、甜菜、甜高粱和糖蜜等）、淀粉质作物（玉米、高粱、小麦、红薯、马铃薯等）和纤维素原料（木材、木屑和谷物秸秆等）发酵而成。

醇类属于含氧燃料，辛烷值高，有利于提高燃烧效率，这一特点很适合其作为汽油机的部分替代燃料。醇类燃料与柴油相比，其十六烷值、黏度、热值和密度均比较低，与柴油之间不易溶解，但是醇类燃料通过增加添加剂实现与柴油的互溶，在柴油机中掺烧时，热效率远高于在汽油机的热效率。

4. 二甲醚

二甲醚（DME），属于一种很简单的脂肪酶，是甲醇重要的衍生物，易液化，性能与液化石油气 LPG 很相似。车用 DME 主要以煤、天然气、木材为原料制取，生产过程并不复杂。目前，多用甲醇气相脱水工艺（一步法），或甲醇液相脱水工艺（二步法）等两种工艺获取二甲醚，且已在内蒙古鄂尔多斯、山东莱州建立了生产基地。

二甲醚的分子式与乙醇相同，但分子结构不同，因此其性质也与乙醇有较大的区别。乙醇属于高辛烷值类燃料，而二甲醚属于高十六烷值（55~60）燃料，从而决定了其作为柴油替代品的优势。二甲醚同样是含氧燃料，分子组成中含有 34.8% 的氧，且二甲醚具有高挥发性，应用于汽车发动机可降低柴油机噪声、振动，实现无烟排放。

二甲醚在汽车上的应用主要采用两种方式：纯液态二甲醚缸内直喷压燃和二甲醚作为点火促进物质在柴油机中应用。纯液态二甲醚缸内直喷压燃是将柴油机加装一套储气装置和加压设备，利用柴油机的供油系统进行二甲醚的缸内喷射燃烧，可实现低 NO_x、无烟、无颗粒排放。二甲醚作为点火促进物质在柴油机中应用，是将二甲醚作为部分燃料使其进入发动机，改善柴油机的性能与排放特性。对二甲醚加入抑制自燃的物质后，也可以应用于火化点火式发动机。

5. 生物柴油

生物柴油是指以油料作物、野生油料植物、工程微藻等水生植物油脂以及动物油脂、餐饮废油等为原料，通过酯交换工艺制成的有机脂肪酸类燃料，是生物质能的一种，是可替代石化柴油的再生性柴油燃料。

生物柴油可以替代柴油直接应用于柴油机。我国已经颁布了《柴油机燃料调和用生物柴油（BD100）》国家标准。生物柴油的优点在于：不含硫、铅、芳香烃及卤化物，十六烷值高且含氧，润滑性能好，无毒性。当然，目前其生产价格仍高于柴油，用于生产生物柴油的原料尚不能保证供应。

6. 氢气

与传统汽车能源相比，氢是石油时代后最有希望的发动机能源。氢气的主要来源是水，也可以来源于各种工业副产品。虽然氢气本身的天然储量不大，但作为氢气的主要来源——水资源却十分丰富，而且氢气燃烧后产生的还是水，能够形成资源的快速循环。

氢气与天然气、汽油、LPG 相比，单位质量低、热值高，约是汽油低热值的 2.7 倍。氢气可燃极限宽，易于实现稀薄燃烧，提高燃料使用经济性。同时可以降低最高燃烧温度，大幅降低 NO_x 的排放。氢气的自燃温度高，有利于提高发动机压缩比，从而提高发动机热效率。氢气的点火能量很低，在应用于发动机时，几乎不出现失火，具有良好的起动性能。氢气的有害排放物少，不产生 CO 及 CH，NO_x 的排放也较汽油机低。

以氢气为能源的汽车主要通过两种技术途径进行应用：一是发动机直接改用氢气燃料，二是氢气燃料电池汽车。

7. 太阳能

太阳能的热电利用是指将太阳辐射直接转换为热与电，供人们使用。按太阳总辐射量空间分布，可分为最丰富区、很丰富区、丰富区和一般地带 4 个地区。而我国属于上述一、二、三地区，占国土面积 96% 以上，太阳能资源总量可达 1.7 万亿吨标准煤，发电可利用量可达 22 亿 kW；资料显示，我国 1 MW 的太阳能热发电站每千瓦时的发电成本约为 2 元，略高于光伏发电成本；10 MW 的电站发电成本约为 1.5 元，50 MW 的电站可降至 1.2 元左右，高于煤电成本。欧美国家估计，15 ~ 20 年后，太阳能发电成本可达到煤电成本水平。我国太阳能利用发展较快，目前在太阳能供热方面成为世界第一。

在汽车上利用主要是光伏发电供给电动汽车电能，目前主要以单晶硅电池为主。太阳能汽车相关技术还处于萌芽阶段，太阳能的利用效率相对较低，充电效率也有限，相比于电池和发动机的功耗，它仍然处于劣势。随着行业技术不断升级和改进，也将有效提高太阳能汽车的使用率和安全性。

✳ 二、新能源汽车的定义

在我国国家发改委制定、发布实施的《新能源汽车生产企业及产品准入管理规定》中对新能源汽车的定义如下：新能源汽车是指采用非常规的车用燃料作为动力来源（或使用常规的车用燃料，采用新型车载动力装置），综合车辆的动力控制和驱动方面的先进技术，形成技术原理先进、具有新技术、新结构的汽车，其示意图如图 1.4 所示。

✳ 三、新能源汽车的分类

新能源汽车包括混合动力汽车（HEV）、纯电动汽车（BEV）、燃料电池汽车（FCEV）、氢能源动力汽车以及天然气汽车、醇醚汽车等。

1. 混合动力汽车

混合动力汽车（Hybrid Electric Vehicle）是指车辆驱动系统由两个或多个能同时运转的单个驱动系统联合组成的车辆，车辆的行驶功率依据实际的车辆行驶状态由单个驱动系统单

图 1.4　新能源汽车示意图

独或共同提供。通常所说的混合动力汽车，一般是指油电混合动力汽车，即采用传统的内燃机（柴油机或汽油机）和电动机作为动力源，也有的发动机经过改造使用其他替代燃料，例如压缩天然气、丙烷和乙醇燃料等，如图 1.5 所示。

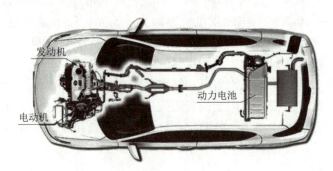

发动机

动力电池

电动机

图 1.5　混合动力汽车

　　按照动力系统的结构不同，混合动力汽车可以分为：串联式混合动力汽车（SHEV）、并联式混合动力汽车（PHEV）和混联式混合动力汽车（PSHEV）。按照燃料种类的不同，又可以分为汽油混合动力和柴油混合动力两种。按混合度（电动机功率与内燃机功率之比）的不同，又可分为微混合、轻度混合和全混合三种。目前国内市场上，混合动力汽车的主流是汽油混合动力，而国际市场上柴油混合动力车型发展也很快。

　　混合动力汽车的优势在于：采用混合动力后可按平均需用的功率来确定内燃机的最大功率，使内燃机在油耗低、污染少的最优工况下工作。当需要大功率时，由电池来补充内燃机功率的不足；汽车工作在低负荷时，内燃机富余的功率可发电给电池充电。由于内燃机可持续工作，电池又可以不断得到充电，故其续驶里程和普通汽车一样。另一方面，汽车制动、下坡、怠速时的能量可以通过电池方便地回收。在繁华市区，可以关停内燃机，由电池单独驱动，实现"零排放"。内燃机可以方便地为耗能大的空调、取暖、除霜等提供足够的动力，且可以利用现有的加油站加油，并让电池保持在良好的工作状态，不会发生电池的过充、过放问题，延长了电池的使用寿命，降低了使用成本。图 1.6 所示为混合动力汽车的基本概念。

图 1.6　混合动力汽车的基本概念

但是混合动力汽车也存在着一定的缺陷，比如汽车生产成本较传统动力汽车高，长距离高速行驶基本不能省油等。目前混合动力汽车在我国得到较快的发展，部分车型已经进入量产阶段。

2. 纯电动汽车

纯电动汽车（Battery Electric Vehicle）是指行驶动力全部来自电机的汽车，电机的驱动电能来源于车载可充电的动力电池组或其他电能储存装置。纯电动汽车完全采用可充电式电池驱动，且基本结构并不复杂，电动发电机、车辆电池是其中的关键部件，其中又以电池最为关键，其难点在于电力储存技术。纯电动汽车典型的组成结构如图 1.7 所示。

图 1.7　纯电动汽车典型的组成结构

纯电动汽车是其他类型电动汽车（HEV 和 FCEV）的基础，具有零排放、噪声小、结构简单、维护较少的优点。相对于燃油汽车和其他类型的电动汽车，纯电动汽车能量利用效率最高，而且电力价格便宜、使用成本低。纯电动汽车可以利用夜间用电低谷充电，因此还具有调节电网系统峰谷负荷、提高电网效能的作用。

对于纯电动汽车，目前最大的障碍就是基础设施建设以及价格影响了产业化的进程，与混合动力汽车相比，纯电动汽车更需要基础设施的配套，需要各企业联合起来与当地政府部门一起建设，才有可能实现大规模的普及推广。

纯电动汽车优势在于技术相对简单成熟，只要有电力供应的地方都能够充电。但由于目前蓄电池单位质量储存的能量较少，电池价格较高，造成整车生产成本较高。整车的使用成本也由于电池的寿命问题而增大。

3. 燃料电池汽车

燃料电池汽车（Fuel Cell Electric Vehicle）是利用燃料电池，将燃料中的化学能直接转化为电能来进行动力驱动的汽车。

燃料电池汽车使用的燃料主要包括氢、甲醇、汽油、柴油等，国际上普遍采用的是高能量密度的液态氢。其电池能量不是经过燃料的燃烧产生的，而是通过氢气和氧气的化学作用，直接变成电能的。燃料电池的化学反应过程不会产生有害产物，因此燃料电池汽车是无污染汽车，而且燃料电池的能量转换效率比内燃机要高 2~3 倍，因此从能源的利用和环境保护方面，燃料电池汽车是一种理想的车辆。图 1.8 所示为燃料电池汽车示意图。

图 1.8　燃料电池汽车示意图

与传统汽车相比，燃料电池汽车优势在于能量转换效率高，零排放或近似零排放，减少了传统发动机的机油泄漏带来的水污染，降低了温室气体的排放，提高了燃油经济性，运行平稳、噪声低。

但燃料电池汽车的制造成本和使用成本较高，储存燃料的装置复杂、笨重，汽车的起动时间较长，如以氢气为燃料的燃料电池汽车起动时间一般需要 3 min。系统的抗振能力还有待进一步加强。

4. 氢能源动力汽车

氢能源动力汽车是以氢为主要能量驱动的汽车。一般的内燃机，通常注入柴油或汽油，氢能源动力汽车则改为使用气体氢。图 1.9 所示为氢能源动力汽车。

图 1.9　氢能源动力汽车

氢内燃机在汽车上的应用方式有 3 种：纯氢内燃机、氢/汽油双燃料内燃机、氢/汽油混合燃料内燃机。氢动力汽车是一种低排放的交通工具，且氢燃料储量丰富。与传统动力汽车相比，氢动力汽车成本至少高出 20%。按照目前的技术条件来说，氢燃料的存储和运输非常困难，因为氢分子非常小，极易透过储藏装置的外壳逃逸。另外，氢气的提取需要通过电解水或者利用天然气，如此一来同样需要消耗大量能源，除非使用核电来提取，否则无法从根本上降低二氧化碳排放。

5. 天然气汽车

天然气汽车是指以天然气为燃料的气体燃料汽车。天然气的甲烷含量一般在 90% 以上，是一种很好的汽车发动机燃料。按照所使用天然气燃料状态的不同，天然气汽车可以分为压缩天然气（CNG）、液化石油气（LPG）和液化天然气（LNG）作为燃料的汽车。图 1.10 所示为大众压缩天然气汽车。

图 1.10　大众压缩天然气汽车

天然气汽车由于其排放性能好，可调整汽车燃料结构，运行成本低、技术成熟、安全可靠，所以被世界各国公认为当前最理想的替代燃料汽车。

天然气汽车一般可以分为三类，即专用气体燃料汽车、两用燃料汽车和双燃料汽车。专用气体燃料汽车是以液化石油气、天然气或煤气等气体作为内燃机燃料的汽车，这种汽车需要使用气体燃料专用内燃机，由于气体燃料的特点，此类内燃机的排放相对较低，燃料使用成本也较低。两用燃料汽车是指具有两套相对独立的燃料供给系统，一套供给天然气或液化石油气，另一套供给常规燃料如汽油，两套系统各自独立工作，驾驶员可以在两套系统之间切换，即气体燃料使用完后，可以再切换回汽油燃料，目前国内在出租车上改装成燃气汽车就是采用此类系统。双燃料汽车是指具有两套燃料供给系统共同工作的车辆，一套供给天然气或液化石油气，另一套供给常规燃料如汽油、柴油，两套燃料供给系统按照预定的配比向内部气缸供给燃料，在气缸内混合燃烧，如汽油 - 天然气双燃料汽车、柴油 - 天然气双燃料汽车。

6. 其他新能源汽车

除以上介绍的新能源汽车以外，还有燃用生物燃料或掺有生物燃料的燃油汽车，如乙醇、二甲醚、生物柴油等。与传统汽车相比，采用此类燃料的汽车结构上不需要做太大的改动，排放性能较好。在石油资源日益紧张的今天，车用内燃机使用燃料的多元化是发展趋势。

目前国内使用比较成熟的替代燃料主要是乙醇，在汽车上使用乙醇可以提高燃料的辛烷值，增加氧含量，使汽车缸内燃烧更完全，可以降低尾气有害物的排放。乙醇汽车的燃料应用方式：主要是掺烧，指乙醇和汽油掺和应用。在混合燃料中，乙醇占容积比例以"E"表示，如乙醇占10%、15%，则用E10、E15来表示，目前，掺烧乙醇汽车占主要地位。还有一种应用方式是：纯烧，即单烧乙醇，可用E100表示，目前应用并不多，属于试行阶段。

任务三　新能源汽车的发展趋势

能源紧缺、碳排放过度和空气污染是目前全世界遇到的三大问题，面对这些问题，全球的汽车行业都面临着能源和环境的巨大挑战，大力发展新能源汽车是解决上述问题的一个重要举措。目前，世界各国都依据自己的资源条件和产业技术状况制定和实施国家交通能源发展战略，增加投入，制定各种政策和计划，加快新能源汽车产业的发展。

❋ 一、新能源汽车发展现状

1. 国外新能源汽车发展现状

1991年，美国通用汽车公司、福特汽车公司和克莱斯勒汽车公司共同协议，成立了"先进电池联合体"（USABC），共同研究开发新一代电动汽车所需的高能电池。2002年，美国能源部批准经费1 500万美元，用于"工业研究、开发和演示使用电池的电动汽车"的费用共担项目，包括使用效率和动力储存、供电质量等。美国政府将较为成熟的混合动力汽车技术作为目前电动汽车的主流技术大力推广，其本土企业特斯拉、通用和福特的新能源汽车发展强劲。纯电动车型以特斯拉的 Model S 和 Model Y 等为代表，插电式混合动力车型的代表是通用公司的 Volt 和福特公司的蒙迪欧 Energi。在市场方面，美国纯电动和插电式混合动力汽车销量近年来一直保持增长态势，2022年，美国新能源车销量为92万辆。

日本最早开始混合动力汽车开发，并最先实现了产业化，在2011年前，拥有世界上最大的纯电动汽车消费群。日产 Leaf 和三菱 i MiEV 的电动车是纯电动汽车的代表车型。

日本企业的混合动力技术已经非常成熟，以混合动力车型为基础，快速开发出插电式车型，主要有丰田、本田、三菱、日产的车型。丰田的普锐斯插电式混合动力版，搭载1.8 L 阿特金森循环发动机，锂离子电池容量为9.8 kW·h，纯电行驶里程56 km，燃油经济性方面具有明显优势。在市场方面，纯电动乘用车新车销量达到约7.7万辆，同比增加3倍；微型纯电动汽车销量猛增48倍，达到4.1万多辆，在纯电动汽车总销量中占到一半以上。

欧洲的纯电动汽车以德国车型为代表。大众 e – Golf 搭载了一台永磁同步电动机，最大功率 100 kW（136 Ps），最大扭矩 290 N·m。在标准模式下，最高车速 150 km/h，在经济模式下，最高车速 115 km/h。宝马 i3 采用了第五代 BMW eDrive 电驱动技术，最高输出功率达到 250 kW，最大扭矩 430 N·m，车身采用全碳纤维材质，锂离子电池组与底盘一体化设计，电池容量 19 kW·h 续驶里程可达 592 km。欧洲插电式混合动力汽车发展较为成熟。宝马 530Le 装备 2.0 L 涡轮增压汽油发动机，最大功率为 160 kW、最大转矩为 310 N·m，电动机峰值功率 70 kW，峰值转矩为 250 N·m，0～100 km/h 加速时间 7.1 s，最高车速为 233 km/h，纯电行驶里程 58 km。2021 年 7 月，欧盟委员会提出应对气候变化一揽子提案"适应 55"，旨在到 2030 年将温室气体净排放量较 1990 年水平至少减少 55%，到 2050 年实现碳中和。2023 年 6 月，欧洲电动汽车新车销量首次超过柴油车，达 15.8 万辆，市场占比达 15.1%，较去年同期增长 4%。欧洲由燃油汽车向电动汽车过渡取得新进展。

综上来看，以美、德、日为代表的汽车领先国家，都制定了国家战略规划，积极发展新能源汽车，并实现批量生产销售。我国需要把握机遇，加快新能源汽车技术进步和产业化步伐，应对汽车行业技术发展和竞争新局面，加强自主创新，实现自主化发展。

2. 国内新能源汽车发展现状

从世界范围来看，我国电动汽车的发展与国外发达国家几乎站在同一起跑线上。我国有计划地开展新能源汽车的研究已经有二十余年的时间。"八五"期间，实施了国家电动汽车关键技术攻关项目。"九五"期间进行了示范运营尝试，并启动了国家清洁汽车行动项目，重点开展燃油汽车清洁化，燃气汽车关键技术攻关及产业化，并确定了 12 个清洁汽车示范城市。"十五"期间，科技部组织实施了"电动汽车重大科技专项"，电动汽车开发被列入 863 计划，国家投入 8.8 亿元，是最大的科技专项之一。"十一五"和"十二五"期间，电动汽车与清洁燃料汽车合并列入 863 计划，基本形成了完整的新能源汽车研发、示范布局。基本建立了以纯电动汽车、混合动力汽车、燃料电池汽车三种车型为"三纵"，多能源动力总成控制系统、驱动电机及其控制系统、动力蓄电池及其管理系统三种共性技术为"三横"的"三纵三横"和标准测试、能源供给、集成示范的"三大平台"构成的矩阵式的技术创新体系。"十三五"期间，我国新能源汽车的产销快速增长，2015—2020 年连续五年位居全球第一，累计推广超过 480 万辆，占全球的 50% 以上，新能源汽车已经走进千家万户。

2012 年 6 月，国务院印发了《节能与新能源汽车产业发展规划（2012—2020 年）》。规划提出的目标是，到 2020 年，纯电动汽车和插电式混合动力汽车生产能力达 200 万辆、累计产销量超过 500 万辆。这一规划期内，国家有关部委先后推出了近 60 项支持新能源汽车产业发展的政策措施，各地方政府结合自身实际出台了 500 多项配套政策，汽车企业也纷纷加大研发投入、加快创新步伐，共同推动我国新能源汽车产业发展取得积极成效。截至 2020 年年底，我国新能源汽车保有量达 492 万辆，基本实现了规划目标。新能源汽车产业在国家政策的支持下，经过多年培育，在动力电池、驱动电机、整车控制系统以及整车集成匹配等关键技术方面已取得重大突破，产业链日趋成熟，规模化推广应用正逐步展开。

2022 年，在《新能源汽车产业发展规划（2021—2035 年）》大力推动下，新能源汽车成为行业最大亮点，产销量连续 8 年蝉联世界第一，累计销售达 1 500 余万辆。2022 年新能源汽车销量为 688.67 万辆，同比增长 95.62%，占汽车总销量 25.64%。其中纯电动汽车销售 535.31 万辆，同比增长 84.55%。图 1.11 所示为 2012 年以来中国新能源汽车的销量走势图。

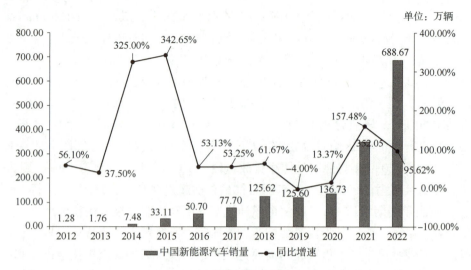

图 1.11　2012 年以来我国新能源汽车销量走势图

目前，比亚迪、埃安、特斯拉也组成了中国新能源汽车行业的前三强。除此之外，长城、吉利、长安等传统车企利用资金和技术等优势也在新能源领域有了重大突破，蔚来、理想、小鹏、哪吒、零跑等造车新势力的交付量也不断提高。我国新能源汽车已经取得快速发展，并正在逐渐代替传统的燃油汽车。

二、新能源汽车的主要发展趋势

自"十五"以来，我国电动汽车产业制定实施"三纵三横"为依托的基本战略。混合动力、纯电动、燃料电池电动车为三纵，电池、电机、电控为三横，建立了节能与新能源汽车推广示范应用的规划、政策及标准体系，如图 1.12 所示。

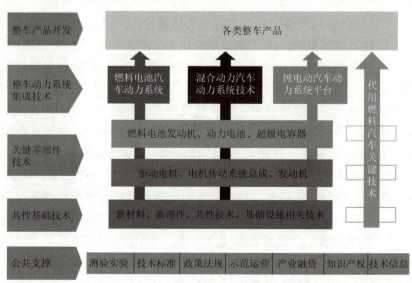

图 1.12　"十二五"国家新能源汽车技术体系

1. 突破动力电池技术是关键

作为纯电动汽车的动力来源，现在还没有任何一种电池能与石油相提并论，动力电池已成为限制电动汽车发展的瓶颈。因此，研究和开发不污染环境、成本低廉、性能优良的动力电池，是大量推广使用电动汽车的前提。

2. 驱动电机多样化

美国倾向于采用交流感应电动机，其主要优点是结构简单、可靠，质量较小，但控制技术较复杂。日本多采用永磁无刷直流电动机，其优点是效率高、起动转矩大、质量较小；其缺点是成本高，且有高温退磁，抗振性较差。德国、英国等大力开发开关磁阻电动机，其优点是结构简单、可靠，成本低；其缺点是质量较大，易产生噪声。

3. 燃料电池汽车成为竞争的焦点

燃料电池汽车在成本和整体性能上，特别是续驶里程和补充燃料时间上明显优于其他电池的电动汽车，并且燃料电池所用的燃料来源广泛，又可再生，并可实现无污染、零排放等环保标准。因此，燃料电池汽车已成为世界各大汽车公司激烈竞争的焦点。燃料电池及氢动力发动机车型被看作是新能源汽车最终的解决方案。

4. 整体呈现智能化

进入 21 世纪伴随着新一轮工业革命进程，大数据、云计算、人工智能、物联网、5G 通信、工业机器人、3D 打印等新一代信息通信技术和先进制造技术不断融合发展与创新应用，汽车产业迎来了以电动化、智能化、网联化、共享化为特征的发展阶段，并由此引发了产业颠覆性的巨大变革。未来，新能源汽车将向智能化、平台化、互联化发展。

1. 描述新能源汽车如何分类。
2. 举出发展新能源汽车的意义。
3. 国内新能源汽车发展存在的问题有哪些？

项目二
电动汽车基础

学习目标

通过本项目的学习，学生能够了解新能源汽车的电池和电机技术。具体需要掌握新能源汽车各种动力电池的主要种类、构造及原理，熟悉新能源汽车电机驱动系统的组成、类型及常用电机的基本原理等。

学习引入

传统汽车的心脏是发动机，而新能源汽车的心脏则是电池系统。在新能源汽车的行驶过程中，电机驱动系统将储存在蓄电池中的电能高效地转化为车辆行驶的动能，并能够在汽车减速制动或者下坡时进行能量回收。作为汽车行业的从业人员，不同种类的电池具有何种特征，使用时有哪些具体要求，以及电机驱动系统的使用参数都有哪些呢？

任务一　概　　述

一、电池的基础知识

1859 年法国著名物理学家 Plante 发明了第一块铅酸电池。由于铅酸电池具有使用安全、耐用、价格相对较低的特点，在将近一个世纪的时间里，都是电动车辆动力电池的首选。

1889—1901 年，瑞典人 Jungner 和美国人 Edison 先后研制出了镍铁电池和镍镉电池。这两种蓄电池在各种不同用途的实际应用过程中，在结构、工艺、材料等方面都经历了多次改进，使其性能有了大幅的提高。在 20 世纪，先后出现了数十种不同类型的蓄电池，其中镍铁电池、镍镉电池、镍氢电池、锌空气电池、铝空气电池等均作为大容量的动力电池，在各种电动车上得到了应用。

20 世纪 80 年代，出现了镍氢电池，其性能和使用寿命均优于铅酸电池及原先已应用于电动车上的其他碱性电池。因此，镍氢电池逐渐替代了铅酸电池和其他碱性电池在新能源汽车上得到了广泛的应用。到了 20 世纪 90 年代，又出现了性能更好的锂离子电池，这种电池很快就被用作手机、数码相机及其他便携式设备的电源，而大容量的锂离子电池也开始被应用在新能源汽车上。

目前，在各种类型的新能源汽车上，应用较多的动力电池主要有铅酸电池、镍氢电池和锂离子电池等。

1. 新能源汽车用电池分类

动力电池是一种化学电池，其基本组成是正极板、负极板和电解质。应用于新能源汽车的动力电池有很多，用不同的分类方法来概括不同类型的动力电池。

1）按照动力电池电解质分类

按照动力电池电解质的不同，可将动力电池分为酸性电池、碱性电池、中性电池和有机电解液电池四类。

（1）酸性电池：主要以硫酸水溶液为电解质。新能源汽车用蓄电池中属于酸性电池的主要是铅酸电池。

（2）碱性电池：主要以氢氧化钾水溶液为电解质。新能源汽车用动力电池中的锌锰电池、镍镉电池、镍氢电池等均属于此类蓄电池。

（3）中性电池：以盐溶液为电解质。这种动力电池由于稳定性较差，目前在新能源汽车上还很少使用。

（4）有机电解液电池：主要以有机溶液为电解质，有锂电池、锂离子电池等。

2）按照动力电池所用正、负极材料不同分类

按照动力电池正极和负极材料的不同，可将动力电池分为锌系电池、镍系电池、铅系电池、锂系电池及金属空气（氧气）系列电池等。

（1）锌系电池：有锌锰电池、锌银电池等。

（2）镍系电池：有镍镉电池、镍锌电池、镍氢电池等。

（3）铅系电池：有铅酸电池。

（4）锂系电池：有锂离子电池、锂聚合物电池、磷酸铁锂电池等。

（5）金属空气电池：有锌空气电池、铝空气电池等。

2. 新能源汽车用电池性能指标

1）电压

电池的电压（端电压）是指其正极与负极之间的电位差，单位为 V（伏特），是表示动力电池性能与状态的重要参数之一。

（1）开路电压：动力电池未向外电路输出电流时的端电压。蓄电池在充足电状态下的开路电压最高，随着蓄电池放电程度的增加，蓄电池的开路电压会相应降低。

（2）放电电压：蓄电池向外输出电流时的端电压。放电电压也称为工作电压，蓄电池在放电时的放电电流越大，放电电压就越低；在同样的放电电流下，随着蓄电池的放电程度增加，其放电电压也会相应降低。

（3）充电电压：在充电电源对蓄电池进行充电时，蓄电池的端电压。充电电流大，蓄电池内的极化（欧姆极化、浓差极化、电化学极化）就越大，充电电压也就越高；在同样的充电电流下，蓄电池充电初期的充电电压较低，当蓄电池充足电时其充电电压达到最高。

2）内阻

电池的内阻主要与极板的材质、结构及装配工艺有关。不同的电解质呈现的电阻也不同，因此，不同类型的动力电池，其内阻是不同的。对某种类型的动力电池来说，随着放电

程度的增加，其内阻会相应增大。动力电池内阻的单位为 Ω（欧姆）。

3）容量

电池的容量是指在允许放电范围内所能输出的电量，单位为 A·h（安时）。容量用来表示动力电池的放电能力。在不同条件下，动力电池所能输出的电量（容量）是不同的。

（1）理论容量：是假设动力电池极板上的活性物质全部参加电化学反应而输出电流时，根据法拉第定律计算出的电量。理论容量通常用质量容量（A·h/kg）或体积容量（W·h/L）表示。

（2）实际容量：是指充足电的蓄电池在一定条件下所能输出的电量。其值是在允许放电范围内，放电电流与放电时间的乘积。蓄电池的实际容量小于理论容量，当放电电流和温度不同时，其实际容量也会有所不同。

（3）i 小时放电容量：充足电的蓄电池以某一恒定电流放电，放电 i 小时后将蓄电池放电至终止电压，此时蓄电池所能输出的电量称为 i 小时放电容量，通常用 C_i 表示。

（4）额定容量：是指充足电的动力电池在规定的条件下所能输出的电量。额定容量是制造厂标明的动力电池容量，作为动力电池性能的重要技术指标。在我国的国家标准中，用 3 h 放电容量（C_3）来定义新能源汽车用动力电池的额定容量，用 20 h 放电容量（C_{20}）来定义汽车用起动型动力电池的额定容量。

4）能量

电池的能量是指在一定的放电条件下，动力电池所输出的电能，单位为 W·h（瓦时）或 kW·h（千瓦时）。动力电池的能量表示其供电能力，是反映动力电池综合性能的重要参数。

（1）标称能量：是指在一定的放电条件下动力电池所能输出的电能。动力电池的标称能量是其额定容量与额定电压的乘积。

（2）实际能量：是指在一定的放电条件下动力电池所能输出的电能。动力电池的实际能量是其实际容量与放电过程的平均电压的乘积。

（3）比能量：即质量比能量，是指动力电池单位质量所能输出的电能，单位为 W·h/kg 或 kW·h/kg。动力电池的比能量越高，汽车充足电后的行驶里程就越长。

（4）能量密度：即体积比能量，是指动力电池单位体积所能输出的电能，单位为 W·h/L 或 kW·h/L。动力电池的能量密度越高，新能源汽车的载重量和车内的空间就越大。

5）功率

动力电池的功率是指在规定的放电条件下，动力电池单位时间所能输出的电能，单位为 W 或 kW。动力电池的功率大小会影响新能源汽车的加速度和最高车速。

（1）比功率：即质量比功率，是指动力电池单位质量所能输出的功率，单位为 W/kg 或 kW/kg。动力电池的比功率越大，汽车的加速和爬坡性能就越好，最高车速也越高。

（2）功率密度：即体积比功率，是指动力电池单位体积所能输出的功率，单位为 W/L 或 kW/L。动力电池的功率密度越高，新能源汽车的载重量和车内的空间就越大。

6）寿命

动力电池的寿命通常用使用时间或循环寿命来表示。动力电池经历一次充电和放电过程称为一个循环或一个周期。在一定的放电条件下，当动力电池的容量下降到某规定的限值时，动力电池所能承受的充放电循环次数称为动力电池的循环寿命。

不同类型的动力电池，其循环寿命有所不同。对于某种类型的动力电池，其循环寿命与充电和放电电流的大小、动力电池的温度、放电的深度等均有关系。

3. 新能源汽车对动力电池的基本要求

（1）比能量高。为了提高新能源汽车的续驶里程，要求新能源汽车上的动力电池尽可能储存多的能量，但新能源汽车又不能太重，其安装电池的空间也有限，这就要求电池具有高的比能量。

（2）比功率大。为了使新能源汽车在加速行驶、爬坡能力和负载行驶等方面能与燃油汽车相竞争，就要求电池具有高的比功率。

（3）充放电效率高。电池中能量的循环必须经过充电→放电→充电的循环，高的充放电效率对保证整车效率具有至关重要的作用。

（4）相对稳定性好。电池应当在快速充放电和充放电过程变工况的条件下保持性能的相对稳定，使其在动力系统使用条件下能达到足够的充放电循环次数。

（5）使用成本低。除了降低电池的初始购买成本外，还要提高电池的使用寿命以延长其更换周期。

（6）安全性好。电池应不会引起自燃或燃烧，在发生碰撞等事故时，不会对乘员造成伤害。

✳ 二、电驱动系统的基础知识

电驱动系统是新能源汽车的核心技术之一，它的主要任务是按驾驶员的驾驶意图，将动力电池的化学能高效地转化为机械能，经变速器、驱动轴等机构驱动车轮。电驱动系统主要由电动机、功率器件和控制系统组成。电动机将电能转化成机械能驱动车辆，并在车辆制动时把车辆的动能再生为电能反馈到动力电池中实现车辆的再生制动。功率器件用来对电动机提供相应的电压和电流。控制系统一般包括中央处理器、检测单元、中间连接单元。它通过控制功率器件调整电动机的运行，以产生特定的转矩和转速。典型的电驱动系统功能模块框图如图 2.1 所示。

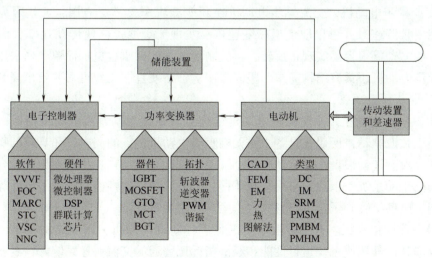

图 2.1　典型的电驱动系统功能模块框图

1. 电动机分类

1）电动机的分类方法

（1）按工作电源分类。根据电动机工作电源不同，可分为直流电动机和交流电动机，其中，直流电动机又分为绕组励磁式直流电动机和永磁式直流电动机，交流电动机分为单相电动机和三相电动机。

（2）按结构及工作原理分类。电动机按结构及工作原理可分为直流电动机、交流异步电动机和同步电动机。直流电动机又分为无刷直流电动机和有刷直流电动机；交流异步电动机分为感应电动机和交流换向器电动机；同步电动机分为永磁同步电动机、磁阻同步电动机和磁滞同步电动机。

（3）按用途分类。电动机按用途可分为驱动用电动机和控制用电动机。

（4）按转子的结构分类。电动机按转子的结构分为笼型感应电动机和绕线转子感应电动机。

（5）按运转速度分类。电动机按运转速度可分为高速电动机、低速电动机、恒速电动机、调速电动机。

新能源汽车最早采用的是直流电动机。随着电子技术和自动控制技术的发展以及新能源汽车技术要求的提高，永磁无刷直流电动机、交流异步电动机、永磁同步电动机和开关磁阻电动机等显示出比直流电动机更为优越的性能，在新能源汽车中应用越来越广泛。

2）各类电动机介绍

（1）直流电动机。直流电动机具有起动加速时驱动力大、调速控制简单、技术成熟等优点。但是直流电动机的电枢电流由电刷和换向器引入，换向时产生电火花，换向器容易烧蚀，电刷容易磨损，需经常更换，维护工作量大。接触部分存在磨损，不仅使电动机效率降低，还限制了电动机的工作转速。新研制的新能源汽车基本不采用直流电动机。

（2）永磁无刷直流电动机。永磁无刷直流电动机是一种高性能的电动机。它既有交流电动机的结构简单、运行可靠、维护方便等诸多优点，又具备运行效率高、无励磁损耗、运行成本低和调速性能好等特点。因此，它在新能源汽车上的应用与日俱增。

（3）交流异步电动机。交流异步电动机在新能源汽车上广泛应用，这是因为交流异步电动机采用变频调速时，可以取消机械变速器，实现无级变速，使传动效率大为提高。另外，交流异步电动机很容易实现正反转，再生制动能量的回收也更加简单。当采用笼型转子时，交流异步电动机还具有结构简单、坚固耐用、价格便宜、工作可靠、效率高和免维护等优点。

（4）永磁同步电动机。永磁同步电动机结构上与永磁无刷直流电动机相似，不同之处在于它采用正弦波驱动，所以在具备永磁无刷直流电动机优点的同时，还具有低噪声、体积小、功率密度大、转动惯量小、脉动转矩小、控制精度高等特点，特别适用于混合动力新能源汽车电动机驱动系统，以达到减小系统体积，改善汽车加速性能和行驶平稳性等目的，因此，永磁同步电动机受到了全世界各大汽车生产厂家的重视。

（5）开关磁阻电动机。开关磁阻电动机是一种新型电动机，因其结构简单、坚固、工作可靠、效率高，其调速系统运行性能和经济指标比普通的交流调速系统好，具有很大的潜力，被公认是一种极有发展前途的新能源汽车驱动电动机。

随着电子技术和计算机技术的飞速发展，新的电动机理论与控制方式层出不穷，高密度、高效率、轻量化、低成本、宽调速牵引电动机驱动系统已成为各国研究和开发的主要热点，如永磁式开关磁阻电动机、转子磁极分割型混合励磁结构同步电动机、永磁无刷交流电动机等。各种电动机的性能比较如表 2.1 所示。

表 2.1　各种电动机的性能比较

类型	直流电动机	感应电动机	永磁电动机	开关磁阻电动机	双凸极永磁电动机
功率密度	低	中	高	较高	高
过载能力	一般	好	较好	好	好
效率	中	较高	高	中	高
寿命	一般	好	好	好	好
转速范围	较宽	较宽	宽	很宽	很宽
功率范围	宽	宽	小	很宽	很宽
可靠性	一般	好	较好	好	好
结构的坚固性	差	较好	一般	好	好
转矩/电流比	一般	一般	高	高	最高
电动机外形尺寸	大	中	小	小	小
电动机质量	重	中	轻	轻	轻
控制操作性能	最好	好	好	很好	很好
驱动控制系统成本	低	高	高	一般	一般
电动机成本	很贵	一般	一般	低	低
转矩/惯量比	一般	一般	较高	高	最高

2. 电动机的性能指标

（1）功率：是指电动机运行时轴端输出的机械功率（W 或 kW）。

（2）电压：是指外加于线端的电源线电压（V）。

（3）电流：是指电动机运行时电枢绕组（或定子绕组）的线电流（A）。

（4）频率：是指电动机运行时电枢（或定子侧）的频率（Hz）。

（5）转速：是指电动机运行时，电动机转子的转速（r/min）。

当电动机在额定运行情况下输出额定功率时，称为满载运行，这时电动机的运行性能、经济性及可靠性等均处于优良状态。输出功率超过额定功率时称为过载运行，这时电动机的负载电流大于额定电流，将会引起电动机过热，从而缩短电动机使用寿命，严重时甚至烧毁电动机。电动机的输出功率小于额定功率时称为轻载运行，轻载运行时电动机的效率、相功率因数等运行性能均较差，因此电动机应尽量避免轻载运行。

3. 新能源汽车对电动机的要求

新能源汽车由电动机驱动，电动机是新能源汽车的关键部件，电动机性能的好坏直接影响新能源汽车驱动系统性能。要使新能源汽车具有良好的使用性能，驱动电动机应具有较宽的调速范围、较高的转速和足够大的起动转矩，还要具有体积小、质量轻、效率高的特点。新能源汽车用电动机在需要充分满足汽车的运行功能的同时，还应满足行驶时的舒适性、适应性和一次充电的续驶里程长等性能。新能源汽车用电动机要求具有比普通工业用电动机更为严格的技术规范。

电动机驱动系统的主要性能要求如下：

（1）体积小、质量轻。应尽可能减小对有效车载空间的占用，减少系统的总质量。电动机尽可能采用铝合金外壳，以降低电动机的质量。各种控制装置的质量和冷却系统的质量也要尽可能轻，同时控制装置的各元器件布置应尽可能集中，以节省空间。

（2）在整个运行范围内的高效率。一次充电续驶里程长，特别是路况复杂以及行驶方式频繁改变时，低负荷运行也应该具有较高的效率。

（3）低速大转矩特性及较宽范围内的恒功率特性。即使没有变速器，电动机及本身也应满足所需要的转矩特性，以获得所需要的起动、加速、行驶、减速、制动等所需的功率及转矩。电动机具有自动调速功能，因此，可以减轻驾驶员的操纵强度，提高驾驶的舒适度，并且能够达到与内燃机汽车加速踏板同样的控制响应。

（4）高可靠性在任何情况下都应确保具有高安全性。

（5）高电压。在允许的范围内应尽可能采用高电压，可以减小电动机的尺寸和导线等装备的尺寸，特别是可以降低逆变器的成本。

（6）电气系统安全性高。各种动力电池组和电动机的工作电压可达到 300 V 以上，对电气系统安全性和控制系统的安全性，都必须符合相关车辆电气控制的安全性能标准和规定。

另外，电动车用电动机还要求耐高温和耐潮湿性强，运行时噪声低，能够在较恶劣的环境下长时间工作，要求具有电极结构简单、适合大批量生产、电动机使用维修方便等特点。

任务二　电化学蓄电池组

 一、铅酸电池

以酸性水溶液为电解质的电池称为酸电池，由于酸电池电极以铅及其氧化物为材料，故又称为铅酸电池。铅酸电池经过 100 多年的发展，技术成熟，成本比镍氢电池和锂离子电池低得多，而民用电池结构方面的新技术继续提高着铅酸电池的性能，尤其是阀控铅酸电池的比能量、比功率、使用寿命和快速充电性能等都高于普通铅酸电池，因此在一定时间内铅酸电池仍然会在一些低端低速新能源汽车中得到使用。但是铅对人体有毒，而且铅酸电池性能大幅度提高的可能性不大，所以长远来看，在新能源汽车领域，铅酸电池将会逐渐被其他新型电池所取代。从最近国内外生产的新能源汽车车型可以看出，很少有采用铅酸电池做能量源的。

1. 铅酸电池的分类

铅酸电池分为免维护铅酸电池和阀控密封式铅酸电池。

1）免维护铅酸电池

免维护铅酸电池具有自身结构上的优势，电解液的消耗量非常小，在使用寿命内基本不

需要补充蒸馏水。它具有耐振、耐高温、体积小、自放电小的特点，使用寿命一般为普通铅酸电池的两倍。市场上的免维护铅酸电池有两种：一种在购买时一次性加电解液，以后使用中不需要添加补充液；另一种是电池本身出厂时就已经加好电解液并封死，用户根本就不能添加补充液。

2）阀控密封式铅酸电池

阀控密封式铅酸电池在使用期间不用加酸加水维护，电池为密封结构，不会漏酸，也不会排酸雾，电池盖子上设有溢气阀（也称安全阀），该阀的作用是当电池内部气体量超过一定值，即当电池内部气压升高到一定值时，溢气阀自动打开，排出气体，然后自动关闭，防止空气进入电池内部。阀控密封式铅酸电池分为 ACM（吸液式）和 CEL（胶体）电池两种。ACM 采用吸附式玻璃纤维棉作隔膜，电解液吸附在极板和隔膜中，电池内无流动的电解液，电池可以立放工作，也可以卧放工作；CEL（胶体）以 SiO_2 作为凝固剂，电解液吸附在极板和胶体内，一般立放工作。如无特殊说明，阀控密封式铅酸电池均指 ACM 电池。

新能源汽车使用的动力电池一般是阀控密封式铅酸电池。

2. 铅酸电池的结构

铅酸电池的基本结构如图 2.2 所示，它由正/负极板、隔板、电解液、溢气阀、壳体等组成。

极板是铅酸电池的核心部件，正极板上的活性物质是二氧化铅，负极板上的活性物质为海绵状纯铅。

隔板隔离正、负极板，防止短路；并作为电解液的载体，吸收大量的电解液，起到促进离子良好扩散的作用；同时还是正极板产生的氧气到达负极板的"通道"，以顺利建立氧循环，减少水的损失。

电解液内蒸馏水和纯硫酸按一定比例配制而成，主要作用是参与电化学反应，是铅酸电池的活性物质之一。电池槽中装入一定密度的电解液后，由于电化学反应，正、负极板间会产生约 2.0 V 的电动势。

溢气阀位于电池顶部，起到安全、密封、防爆等作用。

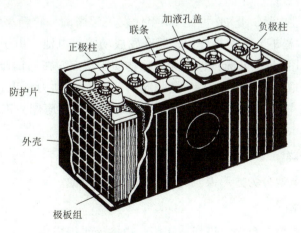

图 2.2 铅酸电池的基本结构

3. 铅酸电池的工作原理

1）铅酸电池的放电

放电时，当蓄电池的正负极板浸入电解液中时，正负极板间就会产生约2.1 V静止电动势。此时若接入负载，在电动势的作用下，电流就会从蓄电池的正极经外电路流向蓄电池的负极，这一过程称为放电，将蓄电池储存的化学能转化为电能输出。

正极化学反应式：$$PbO_2 + 2e^- + SO_4^{2-} + 4H^+ \longrightarrow PbSO_4 + 2H_2O \qquad (2-1)$$

负极化学反应式：$$Pb + SO_4^{2-} - 2e^- \longrightarrow PbSO_4 \qquad (2-2)$$

蓄电池放电截止的标志是：

（1）单个电池电压下降到终止电压；

（2）电解液密度下降到最小许可值。

铅酸电池使用时，把化学能转换为电能的过程叫放电。

2）铅酸电池的充电

充电时蓄电池的正负极分别与直流电源的正负极相连，当充电电源的端电压高于蓄电池的电动势时，在电场的作用下，电流从蓄电池的正极流入、负极流出，这一过程称为充电。电池的充电过程是电能转换为化学能的过程。

正极化学反应式：$$PbSO_4 + 2H_2O \Longrightarrow PbO_2 + 2e^- + 4H^+ + SO_4^{2-} \qquad (2-3)$$

负极化学反应式：$$PbSO_4 + 2e^- \Longrightarrow Pb + SO_4^{2-} \qquad (2-4)$$

蓄电池充电终了的标志是：

（1）电解液中有大量气泡冒出，出现沸腾状态；

（2）电解液的密度和蓄电池的端电压上升到规定值，且在$2 \sim 3$ h内保持不变。

在使用后，借助于直流电在电池内进行化学反应，把电能转变为化学能而储蓄起来，这种蓄电过程叫充电。

✿ 二、镍氢电池

镍氢电池属于碱性电池，是20世纪90年代发展起来的一种新型绿色电池。1988年美国Oven公司以及日本松下、东芝等公司先后开发成功镍氢电池。由于镍氢电池具有比镍镉（Ni-Cd）电池高的比能量以及无毒性、无致癌物质等特点，在通信设备和其他一些小型移动性用电装置上逐步取代了镍镉电池，与此同时又逐渐向动力型电池方向发展。20世纪90年代随着新能源汽车尤其是混合动力新能源汽车的规模化应用，镍氢动力电池得到迅速的发展。

1. 镍氢电池的分类

按照外形，镍氢电池分为方形镍氢电池和圆形镍氢电池。

2. 镍氢电池的结构

镍氢电池主要由正极、负极、极板、隔板、电解液等组成。

镍氢电池正极是活性物质氢氧化镍，负极是储氢合金，用氢氧化钾作为电解质，在正负极之间有隔膜、共同组成镍氢单体电池。在金属铅的催化作用下，完成充电和放电的可逆反应。

镍氢电池的极板有发泡体和附体烧结体两种，发泡体极板的镍氢电池在出厂前必须进行预充电，且放电电压不能低于0.9 V，工作电压也不太稳定，特别是在存放一段时间后，会有近20%的电荷流失，老化现象比较严重。为避免发泡镍氢电池老化所造成的内阻增高，镍氢电池在出厂前必须进行预充电。经过改进的烧结体极板的镍氢电池，其烧结体本身就是活性物质，不需要进行活性处理，也不需要进行预充电，电压平衡、稳定，具有低温放电性能好、不易老化和寿命长等优点。

图2.3所示为美国通用奥旺尼克（GM－Ovonic）公司镍氢电池的结构。镍氢电池的基本单元是单体电池，每个单体电池都由正极板、负极板和装在正极板和负极板之间的隔板组成。每节电池的额定电压为13.2 V（充电时最大电压为16 V），然后将电池按使用要求组合成不同电压和不同容量的镍氢电池总成。该种镍氢电池比能量达到70（W·h)/kg，能量密度达到165（W·h)/L，比功率在50%的放电深度下为220 W/kg，在80%的放电深度下为200 W/kg，可以更大地提高电动汽车的动力性能。

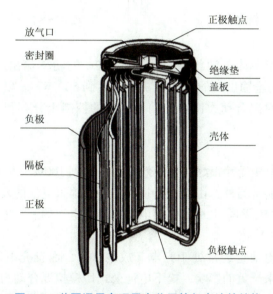

图2.3 美国通用奥旺尼克公司镍氢电池的结构

3. 镍氢电池的工作原理

镍氢电池是将物质的化学反应产生的能量直接转化成电能的一种装置。镍氢电池由镍氢化合物正电极、储氢合金负电极以及碱性电解液（如30%的氢氧化钾溶液）组成。镍氢电池的性能特点主要取决于本身体系的电极反应。镍氢电池在碱性电解液中进行反应的模型如图2.4所示。

充电时正、负极的电化学反应：

$$Ni(OH)_2 - e^- + OH^- \longrightarrow NiOOH + H_2O \qquad (2-5)$$

$$2MH + 2e^- \longrightarrow 2M + H_2 \qquad (2-6)$$

放电时正、负极的电化学反应：

$$NiOOH + H_2O + e^- \longrightarrow Ni(OH)_2 + OH^- \qquad (2-7)$$

$$2M + H_2 \longrightarrow 2MH + 2e^- \qquad (2-8)$$

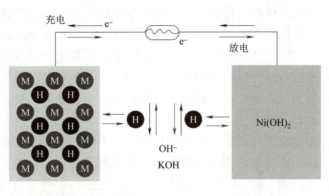

$$(-)M+H_2O+e^- \longleftrightarrow MH+OH^-$$
$$(+)\beta-Ni(OH)_2+OH^- \longleftrightarrow \beta-NiOOH+H_2O+e^-$$

图 2.4　镍氢电池在碱性电解液中进行反应的模型

4. 镍氢电池的充放电特性

1）放电特性

D 型（镍氢电池 6 个单体电池组件）放电时，2C 的功率输出时的质量比功率可达到 600 W/kg 以上，3C 的功率输出时的质量比功率可达到 500 W/kg 以上，深度范围内质量比功率的变化比较平稳，对混合动力汽车的动力性能的控制十分有利，电池的寿命可以达到 10 万 km 以上。

2）充电特性

D 型镍氢电池的充电接受性很好，充电效率几乎达到 100%，能够有效地接受混合动力汽车在制动时反馈的电能。另外，由于能量损耗较小，镍氢电池的发热量被抑制在最小的极限范围内，可以有效地控制剩余电量，并用电流来显示电池的剩余电量。

3）寿命

混合动力汽车动力电池组经常处于充电、放电状态，而且充电、放电是不规则地进行的，这对电池的寿命带来严重的影响，松下电池公司用模拟混合动力汽车行驶工况对镍氢电池进行仿真试验，证实镍氢电池的特性几乎不发生变化，镍氢电池用于混合动力汽车是比较合适的。

5. 镍氢电池的特点

（1）比功率高，目前商业化的镍氢功率型电池能做到 1 350 W/kg。

（2）循环次数多，目前应用在新能源汽车上的镍氢电池，80% 放电深度（DOD）循环可以达 1 000 次以上，为铅酸电池的 3 倍以上，100% DOD 循环寿命也在 500 次以上，在混合动力汽车中可使用 5 年以上。

（3）无污染。镍氢电池不含铅、镉等对人体有害的金属，为 21 世纪的"绿色环保电源"。

（4）耐过充过放。

（5）无记忆效应。

（6）使用温度范围宽。正常使用温度范围 –30 ~ 55 ℃；储存温度范围 –40 ~ 70 ℃。

（7）安全可靠。经短路、挤压、针刺、安全阀工作能力、跌落、加热、耐振动等安全性及可靠性试验测试，无爆炸、燃烧现象。

🌼 三、锂离子电池

1990 年日本索尼公司推向市场一种新型高能蓄电池——锂离子电池，与其他蓄电池相比，锂离子电池具有高电压、高比能量、长充放电寿命、无记忆效应、无污染、快速充电、自放电率低、工作温度范围宽和安全可靠等优点，成为未来新能源汽车较为理想的动力电源。

随着锂离子电池生产成本的急剧降低和性能的大幅度提高，许多生产厂家开始投入锂离子电池的生产。我国已经把锂离子电池作为新能源汽车用动力电池的重要发展目标。

1. 锂离子电池的分类

按照锂离子电池外形形状，可以分为方形锂离子电池、圆柱形锂离子电池。

按照锂离子电池正极的材料不同，可以分为锰酸锂离子电池、磷酸铁锂离子电池、镍钴锂离子电池或镍钴锰锂离子电池。

2. 锂离子电池的结构

锂离子电池由正极、负极、隔板、电解液和安全阀等组成。圆柱形锂离子电池的结构如图 2.5 所示。

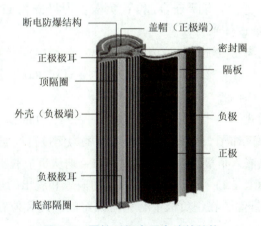

图 2.5　圆柱形锂离子电池的结构

1）正极

在锰酸锂离子电池中以锰酸锂为主，磷酸铁锂离子电池中以磷酸铁锂为主，在镍钴锂离子电池中以镍钴锂为主，在镍钴锰锂离子电池中以镍钴锰锂为主。在正极活性物质中再加入导电剂、树脂黏合剂，在铝基体上涂覆为细薄层。

2）负极

由碳材料与黏合剂的混合物，加上有机溶剂调和制成为糊状，并在铜基体上涂覆薄层形成。

3）隔板

隔板起到关闭或阻断功能，大多使用聚乙烯或聚丙烯材料制成的微多孔膜。所谓关闭或阻断功能是在电池出现温度异常上升，阻塞或阻断作为离子通道的细孔，使蓄电池停止充放电反应。隔板可以有效防止因外部短路等引起的过大电流而使电池产生异常发热现象。这种现象即使产生一次，电池就不能正常使用。

4）电解液

电解液是以混合溶剂为主体的有机电解液。为了使主要电解质成分的钾盐溶解，必须具有高电容率，并且具有与钾离子相容性好的溶剂，即不阻碍离子移动的低黏度的有机溶液为宜，而且在钾离子蓄电池的工作温度范围内，必须呈液体状态，凝固点低，沸点高。电解液对于活性物质具有化学稳定性，必须适应充放电反应过程中发生的剧烈的氧化还原反应。由于使用单一溶剂很难满足上述严酷条件，因此电解液一般混合不同性质的几种溶剂使用。

5）安全阀

为了保证锂离子电池的使用安全性，一般通过对外部电路的控制或者在蓄电池内部设异常电流切断的安全装置。但是，在实际使用过程中，仍可能因其他原因导致蓄电池内压异常上升，这时，通过安全阀释放气体，可以有效防止蓄电池破裂。安全阀实际上是一次性非修复式的破裂膜，一旦进入工作状态，保护蓄电池使其停止工作，因此是蓄电池的最后保护手段。

3. 锂离子电池的工作原理

电池的正负极均由可以嵌入和脱出 Li^+ 的化合物或材料组成。正极：锂化跃迁金属氧化物（$LiMO_2$、$M-CO$、Mn 或 Ni 等跃迁金属）；负极：为可嵌入 Li^+ 的碳（形成 Li_xC 碳化锂）；电解质：有机溶液或固体聚合物。

在充放电过程中，锂离子电池的反应方程式如下：

正极：
$$LiMO_2 \longrightarrow Li_{-x}MO_2 + xLi^+ + xe^- \tag{2-9}$$

负极：
$$C + xLi^+ + xe^- \longrightarrow Li_xC \tag{2-10}$$

锂离子电池的表达通式为：
$$Li_xC + Li_{-x}MO_2 \longrightarrow C + LiMO_2 \tag{2-11}$$

锂离子电池的工作原理如图 2.6 所示（以 Co 金属为例进行说明）。在电池充电时，$Li+$ 从正极脱出，经过电解质嵌入负极；电池放电时，$Li+$ 则从负极脱出，经过电解质再嵌回正极。电池的操作过程实际上是 $Li+$ 在两电极之间来回嵌入和脱出的过程，故锂离子电池也称为"摇椅式电池"。由于锂离子在正负极中有相对固定的空间和位置，因此锂离子电池充放电反应的可逆性很好。

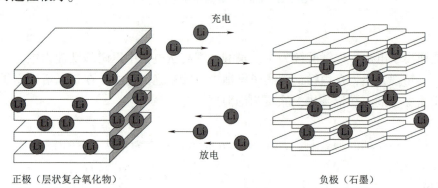

正极（层状复合氧化物）   负极（石墨）

图 2.6　锂离子电池的工作原理

4. 锂离子电池的充放电特性

1）在电压方面

锂离子电池对充电终止电压的精度要求很高，一般误差不能超过额定值的1%。若终止电压过高，会影响锂离子电池的使用寿命，甚至造成过充电现象，对电池造成永久性的损坏；若终止电压过低，则会使充电不完全，电池的可使用寿命变短。

2）充电电流方面

锂电池的充电率（充电电流）应根据电池生产厂的建议选用。虽然某些电池充电率可达 $2C$，但常用的充电率为 $0.5 \sim 1C$。在采用大电流对锂离子电池充电时，因充电过程中电池内部的电化学反应会产生热，因此有一定的能量损失，同时必须检测电池的温度以防过热损坏电池或产生爆炸。此外对锂离子电池充电，若全部用恒定电流充电，虽然可以在一定程度上缩短充电时间，但很难保证电池充满，如果对充电结束控制不当还会造成过充现象。

3）放电方面

锂离子电池的最大放电电流一般被限制在 $2 \sim 3C$。更大的放电电流会使电池发热严重，对电池的组成物质造成损坏，影响电池的使用寿命。同时，由于大电流放电时，电池的部分能量转换成热能，因此造成电池的放电容量将会降低。在造成过放电（低于 3 V）时，还会造成电池的失效。对于过放电的锂离子电池，在充电前需要进行预处理，即使用小电流充电，使电池内部被过放电的单元激活。在电池电压被充电到 3 V 后再按正常方式充电，通常将这一阶段的充电称为预充电。

锂电池的充电温度一般应该被限制在 $0 \sim 60$ ℃。如果电池温度过高，则会损坏电池并可能引起爆炸；如果温度过低，虽然不会造成安全方面的问题，但很难将电池充满。由于充电过程中，电池内部将有一部分热能产生，因此在大电流充电时，需要对电池进行温度检测，并且在超过设定充电温度时停止充电以保证安全。

5. 锂离子电池的特点

锂离子电池有许多显著特点，其主要优点表现在：

（1）工作电压高。锂离子电池的工作电压为 3.6 V，是镍氢电池和镍镉电池工作电压的3 倍。

（2）比能量高。锂离子电池比能量已达到 150 （W·H)/kg，是镍镉电池的 3 倍，镍氢电池的 1.5 倍。

（3）循环寿命长。目前锂离子电池循环寿命已达到 1 000 次以上，在低放电深度下可达几万次，超过了其他几种电池。

（4）自放电率低。锂离子电池的自放电率仅为 6% ~ 8%，远低于镍镉电池（20% ~ 30%）和镍氢电池（15% ~ 20%）。

（5）无记忆性。锂离子电池也可以根据要求随时充电，而不会降低电池性能。

（6）对环境无污染。锂离子电池中不存在有害物质，是名副其实的"绿色电池"。

（7）能够制造成任意形状。

锂离子电池也有一些不足，主要表现在以下几个方面：

（1）成本高。成本高主要是因为正极材料 $LiCoO_2$ 价格高，但按单位能量（W·H）价格来计算，已经低于镍氢电池，与镍镉电池持平，但高于铅酸电池。

项目二 电动汽车基础

（2）必须有特殊的保护电路，以防止过充电。

四、空气电池

空气电池是以空气中的氧气作为正极活性物质，常用金属为负极活性物质的一类电池。它的电解质常用碱性氢氧化钾（KOH）溶液。因为作负极的金属材料可选性很多，所以空气电池的种类也较多。一般以所选负极材料的金属名为电池的第一个字，后加空气电池即为电池名。常见的有用锌（Zn）作负极的锌空气电池和以铝（Al）为负极材料的铝空气电池。

1. 锌空气电池

1）锌空气电池的基本原理

锌空气电池用空气（氧）作正极，以金属锌（Zn）作负极，电解质采用氢氧化钾（KOH）水溶液。锌空气电池的电化学反应与普通碱性电池类似，在放电时，蓄电池负极上的锌与电解液中的 OH^- 发生电化学反应，释放出电子；与此同时，蓄电池正极反应层中的催化剂与电解液及氧气（通过扩散作用进入蓄电池的空气中）相接触而发生电化学反应，吸收电子。锌空气电池放电时的电化学反应方程式如下：

负极反应式：$\qquad Zn + 2OH^- \longrightarrow ZnO + H_2O + 2e^-$ （2-12）

正极反应式：$\qquad O_2 + 2H_2O + 4e^- \longrightarrow 4OH^-$ （2-13）

总反应式：$\qquad 2Zn + O_2 \longrightarrow 2ZnO$ （2-14）

锌空气电池充电过程进行得十分缓慢，因此，锌空气电池正极的锌板或锌粒在放电过程中，被氧化成氧化锌而失效后，通常采用直接更换锌板或锌粒和电解质的办法，使锌空气电池完成"充电过程"。

2）锌空气电池的特点

相比于铅酸电池，锌空气电池具有以下优点：

（1）比能量高。锌空气电池的理论比能量可达 1 350（W·h）/kg，目前锌空气电池的实际比能量只达到 180~230（W·h）/kg，是铅酸电池的 4.35~5.5 倍。

（2）可采用机械式充电方式。锌空气电池可采用更换锌板或锌粒的方式恢复其充足电的状态，这种充电模式可使蓄电池不再需要花很长的时间来充电，更换一块 20 kW·h 的蓄电池块只需要 100 s。

（3）大电流持续放电的能力强。锌空气电池具有大电流持续放电的能力，能够满足 EV 加速和连续爬坡的要求。

（4）自放电率低。锌空气电池在电化学反应过程中，要与空气中的氧气发生作用，只要阻隔空气进入锌空气电池，就可使锌空气电池的电化学反应无法进行，锌可长时间保持活性。因此，实际使用过程中锌空气电池的自放电率很低（接近于零），可长期保持其电能。

（5）性能稳定。成组的锌空气电池具有良好的一致性，没有其他类型蓄电池的充电和放电的不均匀现象；允许深度放电，容量不受放电强度和温度的影响；能在 -20~80 ℃ 的温度范围内正常工作。锌空气电池可以完全实现密封免维护，便于蓄电池组能量的管理。

（6）安全性好。锌空气电池没有因泄漏、短路而引起电池起火或爆炸的可能性。锌没有腐蚀作用，可以完全实现密封免维护，对人体不会造成伤害和危险。

（7）锌可以回收利用。锌的来源丰富、生产成本较低、回收再生方便，且回收再利用的成本也较低，可以建立废蓄电池回收再生工厂。锌在循环使用过程中，不会污染环境。

2. 铝空气电池

1）铝空气电池的原理

铝空气电池以高纯度铝 Al（铝的质量分数为 99.99%）为负极，以空气（氧）为正极，以氢氧化钾（KOH）或氢氧化钠（NaOH）为电解质。铝空气电池的化学反应与锌空气电池类似，铝摄取空气中的氧气，在蓄电池放电时产生电化学反应，铝和氧气相互作用并转化为氧化铝。铝空气电池充放电时的电化学反应方程式：

$$2Al + 3O_2 + 3H_2 \underset{充电}{\overset{放电}{\rightleftharpoons}} 2Al(OH)_3 \tag{2-15}$$

2）铝空气电池的特点

（1）比能量大。铝空气电池的理论比能量可达 8 100（W·h）/kg。目前铝空气电池的实际比能量只达到 350（W·h）/kg，但这已是铅酸电池的 7~8 倍、镍氢电池的 5.8 倍、锂离子电池的 2.3 倍。

（2）质量轻。铝空气电池质量仅为铅酸电池质量的 12%。由于蓄电池质量大大减轻，车辆的整备质量也大幅度降低，因而可以提高车辆的装载量或延长续驶里程。

（3）铝没有毒性和危险性。铝对人体不会造成伤害，可以回收循环使用，也不污染环境。

（4）生产成本较低。铝的原材料丰富，生产成本较低，铝回收再生方便，回收再生成本也较低。

任务三　超级电容器

超级电容器简称超级电容，又称为双电层电容器，具有超强的储存电荷的能力，是一种介于蓄电池和普通电容器之间的新型蓄能装置。

❋ 一、超级电容的工作原理

超级电容的主要组成部件是集电极电容板、电解质和绝缘层，其工作原理如图 2.7 所示。

电解质和绝缘层装在两活性炭多孔化电极之间，电荷沿集电极和电解液成对排列，形成双层电容器，这样就扩大了电容器的电荷储存量。当充电电源加在两电极上时，在靠近电极的电介质界面上产生与电极所携带的电荷极性相反的电荷并被束缚在电介质界面上，形成事实上的电容器的两个电极。再个电极的距离非常小，只有几纳米，而活性炭多孔化电极可以获得极大的电极表面积，可以达到 200 m²/g。因比，超级电容具有极大的电容量，可以储存很大的静电能量。目前单体超级电容的最大电容量可达 5 000 F。

当两电极板间的电动势低于电解液的氧化还原电极电势时，电解液界面上的电荷不会脱

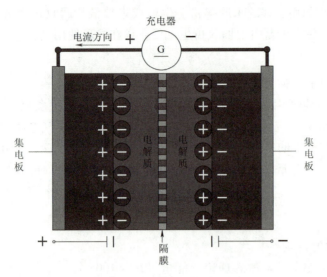

图 2.7　超级电容的工作原理

离电解液，超级电容处于正常工作状态（通常在 3 V 以下）。如果电容器两端电压超过电解液的氧化还原电极电位，则电解液将发生分解，处于非正常工作状态。随着超级电容的放电，正、负极板上的电荷被外电路释放，电解液界面上的电荷相应地减少。由此可以看出，超级电容的充、放电过程始终是物理过程，没有化学反应，因而性能较化学蓄电池稳定得多。

❋ 二、超级电容的特点

与蓄电池相比，超级电容具有以下几点优势：

（1）充、放电循环寿命很长。超级电容的充、放电循环寿命可达 500 000 次，或使用时间可达 90 000 h，而蓄电池的循环寿命很难超过 1 000 次。

（2）可以提供很大的放电电流。例如：2 700 F 的超级电容额定放电电流不低于 950 A，放电峰值电流可达 1 680 A，而蓄电池通常不可能有如此高的放电电流。一些高放电电流的蓄电池，在如此高的放电电流下，其使用寿命也会明显缩短。

（3）可以实现快速充电。超级电容可以在数十秒到数分钟内快速充电，而蓄电池的可接受充电电流是有限的，因此不可能在如此短的时间内充足电。

（4）工作温度范围很宽。超级电容可以在很宽的温度范围内正常工作（ -40 ~ 70 ℃），而蓄电池在高温或在低温环境下不能正常工作。

（5）安全无毒。超级电容的材料是安全和无毒的，而铅酸电池、镍镉电池均具有毒性。

虽然超级电容的能量密度不能与蓄电池相比，但是其大电流充放电的特点使超级电容特别适合用作电动汽车的辅助电源。在车辆起步、加速、爬坡等行驶工况时，由超级电容提供大电流，在确保电动汽车动力性的同时，可有效地保护蓄电池，延长蓄电池的使用寿命。在车辆制动时，超级电容可接受大电流充电，能很好地回收制动能量。超级电容不仅可以用作电动汽车的辅助蓄能装置，而且可以用作电动汽车主要的或唯一的蓄能装置。

任务四 超高速飞轮电池

超高速飞轮电池是20世纪90年代才提出的新概念电池。它突破了化学电池的局限，用物理方法实现蓄能。

一、超高速飞轮电池的工作原理

超高速飞轮电池主要由飞轮、轴、轴承、电机、真空容器和电力电子转换器等组成，如图2.8所示。当飞轮以一定的角速度旋转时，就具有了一定的动能。飞轮是整个蓄能装置的核心部件，它直接决定了整个装置的蓄能量。对超高速飞轮电池充电时，通过电力电子转换器从外部输入电能而使电机旋转，电机（此时作为电动机）驱动飞轮加速旋转，飞轮储存的动能（机械能）就增大。飞轮电池向外放电时，由高速旋转的飞轮带动电机（此时作为发电机）旋转，将动能转化为电能，再通过电力电子转换器将电能转换为负载所需的频率和电压。

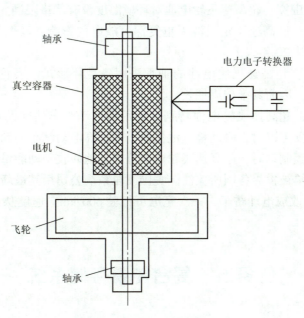

图2.8 飞轮电池的工作原理

飞轮工作时的转速很高（可达40 000～50 000 r/min），用一般金属制成的飞轮无法承受这样高的转速，因而飞轮一般都采用碳纤维制成，使之在满足强度要求的同时，可减小飞轮电池的质量。

电机用于电能与机械能的相互转换，实现充电（储存机械能）和放电（释放机械能）过程。超高速飞轮电池通常采用永磁式电机，在充电时用作电动机，在外电源的驱动下，带动飞轮高速旋转，将电能转换为机械能进行储存；在放电时用作发电机，在飞轮的带动下发

项目二 电动汽车基础

电而向外输出电能。

超高速飞轮电池通常使用非接触式的磁悬浮轴承，以减小飞轮运转时的摩擦损耗，提高飞轮电池的能量储存效率。

飞轮在高速旋转时，周围的空气会形成强烈的涡流，造成巨大的空气阻力。因此，飞轮电池通常将电机和飞轮都密封在一个真空容器内，以减少风阻。

✳ 二、飞轮电池的特点

飞轮电池具有以下优点：

（1）能量密度高。超高速飞轮电池的能量密度可达 $100 \sim 200$（W·h）/kg，功率密度可达 $5\,000 \sim 10\,000$ W/kg。

（2）能量转换效率高、充电快。超高速飞轮电池工作时的能量损失很小，其能量转换效率高达90%以上。由于超高速飞轮电池无最大充电电流的限制，其充电速度取决于飞轮的角加速度，因此充电很快。

（3）体积小、质量轻。飞轮采用了碳纤维材料，直径一般也不大。因此，与化学电池和燃料电池相比，超高速飞轮电池的体积小、质量轻。

（4）工作温度范围宽。超高速飞轮电池对环境温度没有严格限制。

（5）使用寿命长。超高速飞轮电池无重复深度放电的影响，其循环充放电次数可达数百万次，预期寿命可达20年以上。

（6）维护周期长。超高速飞轮电池的轴承采用磁悬浮形式，飞轮在真空环境下运转，其机械损耗微乎其微，因而其维护周期长。

与超级电容一样，超高速飞轮电池特别适合用作电动汽车的辅助蓄能装置，在车辆起步、加速、爬坡等行驶工况时，协助蓄电池供电，可提高电动汽车的动力性，并能延长蓄电池的使用寿命。在车辆制动时，超高速飞轮电池可很好地回收制动能量。用飞轮电池作为蓄能装置的电动汽车也早被世界各国所关注。美国飞轮系统公司用其最新研制的飞轮电池将一辆克莱斯勒 LHS 轿车改成电动轿车，一次充电可行驶600 km，速度从0加速到96 km/h 的时间仅为6.5 s。

任务五　复合能量存储系统

复合能量存储系统是指由两种或两种以上的储能器、能源或转换器作驱动能源，其中至少有一种能提供电能的系统。目前最常见的混合能源系统有动力电池＋超级电容、动力电池＋燃料电池、动力电池＋内燃机等几种类型，其他复合能量存储系统还有高能量动力电池＋高功率动力电池、动力电池＋飞轮电池等形式，目前应用较少。

✳ 一、动力电池＋超级电容构成的复合能量存储系统

当采用动力电池＋超级电容的复合能量存储系统时，所选的动力电池必须能够提供高比

能量，因为超级电容本身比动力电池具有更高的比功率和更高效回收制动能量的能力。由于超级电容器的工作电压比较低（即使采用多个电容器组合使用，工作电压通常也小于100 V），所以需要在动力电池和超级电容之间加一个 DC/DC 功率转换器。图 2.9 所示为典型的动力电池 + 超级电容构成的复合能量存储系统结构。

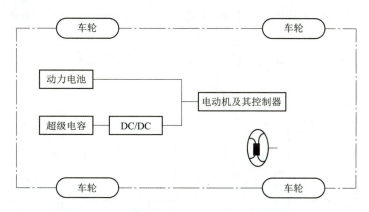

图 2.9　典型的动力电池 + 超级电容构成的复合能量存储系统结构

✳ 二、动力电池 + 燃料电池构成的复合能量存储系统

虽然燃料电池具有非常高的比能量，但比功率低并且难以实现再生能量回收，因此动力电池 + 燃料电池的复合能量存储系统是目前燃料电池汽车最常见的结构形式，其中动力电池的选择用于弥补燃料电池的缺点。图 2.10 所示为典型的动力电池 + 燃料电池构成的复合能量存储系统结构。

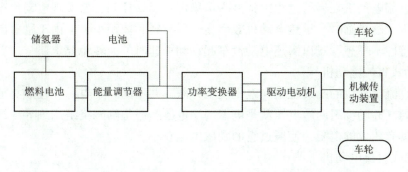

图 2.10　典型的动力电池 + 燃料电池构成的复合能量存储系统结构

任务六　直流电动机

直流电动机是将直流电能转换成机械能的电动机，是电动机的主要类型之一，具有结构简单、技术成熟、控制容易等特点，在早期的电动汽车中得到了广泛应用，特别是在场地用电动车和专用电动车上应用更为普遍。

❋ 一、直流电动机的分类

直流电动机分为绕组励磁式直流电动机和永磁式直流电动机。在电动汽车所采用的直流电动机中，小功率电动机采用的是永磁式直流电动机，大功率电动机则采用绕组励磁式直流电动机。

根据励磁方式的不同，绕组励磁式直流电动机可分为他励式、并励式、串励式和复励式四种类型，如图 2.11 所示。

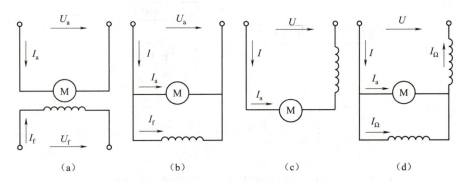

图 2.11　直流电动机的励磁方式
（a）他励式；（b）并励式；（c）串励式；（d）复励式

1）他励式直流电动机

他励式直流电动机的励磁绕组与电枢绕组无连接关系，而由其他直流电源给励磁绕组供电，因此励磁电流不受电枢端电压或电枢电流的影响。

他励式直流电动机在运行过程中励磁磁场稳定且容易控制，易实现电动汽车的再生制动要求。当采用永磁激励时，虽然电动机效率高、质量轻和体积小，但由于励磁磁场固定，电动机的机械特性不理想，难以满足电动汽车起动和加速时的大转矩要求。

2）并励式直流电动机

并励式直流电动机的励磁绕组与电枢绕组并联，共用同一个电源，性能与他励式直流电动机基本相同。并励绕组两端电压就是电枢两端电压，但是励磁绕组用细导线绕成，其匝数很多，因此具有较大的电阻，使通过它的励磁电流较小。

3）串励式直流电动机

串励式直流电动机的励磁绕组与电枢绕组串联后再接于直流电源，这种直流电动机的励磁电流就是电枢电流。电动机内磁场随着电枢电流的改变有显著的变化。为了使励磁绕组中不引起大的损耗和电压降，励磁绕组的电阻越小越好，所以串励式直流电动机通常用较粗导线绕成，匝数较少。

串励式直流电动机在低速运行时，能给电动汽车提供足够大的转矩。在高速运行时，电动机电枢中的反电动势增大，与电枢串联的励磁绕组中的励磁电流减小，电动机高速时弱磁调速功能易于实现，因此串励式直流电动机驱动系统能较好地符合电动汽车的特性要求。但串励式直流电动机由低速到高速运行时弱磁调速特性不理想，随着电动汽车行驶速度的提高，驱动电动机输出转矩迅速减小，不能满足电动汽车高速行驶时风阻大而需要较大转矩的要求。

串励式直流电动机运行效率低。在实现电动汽车的再生制动时，由于没有稳定的励磁磁场，再生制动的稳定性差。另外，由于再生制动需要加接触器切换，使驱动电动机控制系统的故障率较高，可靠性较差，并且此类电动机的体积和质量也较大。

4）复励式直流电动机

复励式直流电动机有并励和串励两个励磁绕组，电动机的磁通由两个绕组内的励磁电流产生。若串励绕组产生的磁通量与并励绕组产生的磁通量方向相同，称为积复励；若两个磁通量方向相反，则称为差复励。

复励式直流电动机的永磁励磁部分采用高磁性钕铁硼材料，运行效率高。由于电动机永磁励磁部分有稳定的磁场，因此用该类电动机构成驱动系统时易实现再生制动功能。同时，由于电动机增加了励磁绕组，通过控制励磁绕组的励磁电流或励磁磁场的大小，能克服永磁他励式直流电动机不能产生足够输出转矩的缺点，以满足电动汽车低速或爬坡时的大转矩的要求，而电动机的质量和体积比串励式直流电动机小。

❈ 二、直流电动机的结构

直流电动机的结构形式是多种多样的，图 2.12 所示为直流电动机的结构示意图。

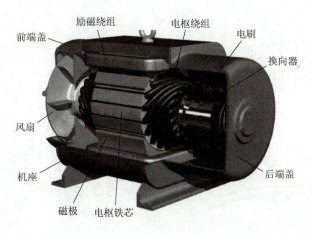

前端盖　励磁绕组　电枢绕组　电刷　换向器　风扇　机座　磁极　电枢铁芯　后端盖

图 2.12　直流电动机的结构示意图

图 2.13 所示为直流电动机横截面示意图。直流电动机主要由定子部分和转子部分两大部分组成。

1. 定子部分

定子用来安置磁极和作电动机的机械支撑，它包括主磁极、换向极、机座、端盖、轴承等，静止的电刷装置也固定在定子上。

1）主磁极

主磁极的作用是建立主磁场，它由主极铁芯和套装在铁芯上的励磁绕组构成，如图 2.14 所示。主极铁芯一般由 1~1.5 mm 低碳钢板冲压为一定形状叠装固定而成，是主磁路的一部分。励磁绕组用扁铜线或圆铜线绕制而成，产生励磁电动势。

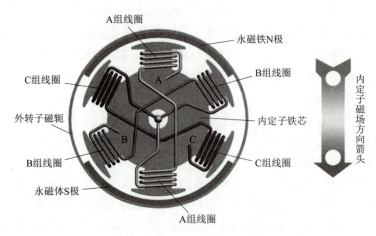

图 2.13　直流电动机横截面示意图

2）机座

机座用铸钢或厚钢板焊接而成，它既是主磁路的一部分，又是电动机的结构框架。

3）换向极

换向极的作用是改善直流电动机的换向性能，使直流电动机运行时不产生有害的火花。它由换向极铁芯和套装在铁芯上的换向极绕组构成，如图 2.15 所示。

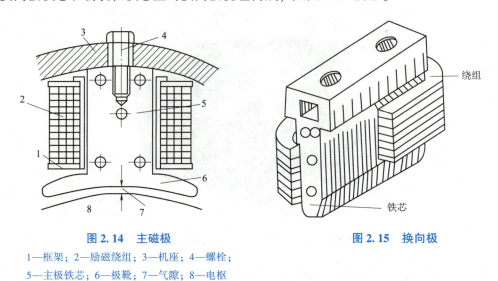

图 2.14　主磁极　　　　　　　　　图 2.15　换向极

1—框架；2—励磁绕组；3—机座；4—螺栓；
5—主极铁芯；6—极靴；7—气隙；8—电枢

4）电刷装置

电刷装置由电刷、刷握、刷杆和汇流排等组成，用于电枢电路引入或引出。

2. 转子部分

转子上用来感应电动势而实现能量转换的部分称为电枢，它包括电枢铁芯、电枢绕组和换向器等，如图 2.16 所示。

1）电枢铁芯

电枢铁芯既是主磁路的组成部分，又是电枢绕组的支撑部分。电枢绕组嵌放在电枢铁芯的槽内。电枢铁芯一般用 0.55 mm 硅钢冲片叠压而成。

2）电枢绕组

电枢绕组由扁铜线或圆铜线按一定规律绕制而成，它是直流电动机电路部分，也是产生电动势和电磁转矩进行机电能量转换的部分。

3）换向器

换向器是由换向片、云母片、V 形绝缘环、压圈和紧固件组成的电流换向装置，用于电枢电流的换向。

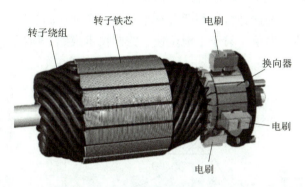

图 2.16　直流电机的转子

❋ 三、直流电动机的工作原理

直流电动机工作时，电流通过电刷和换向器流入电枢绕组。如图 2.17（a）所示，换向片 A 与正电刷接触，换向片 B 与负电刷接触，绕组中的电流方向为 a→b→c→d，根据通电导体在磁场中受电磁力的原理（左手定则），绕组 ab 边、cd 边均受到电磁力 F 的作用，由此产生逆时针方向的电磁转矩 M 使电枢转动；当电枢转动至换向片 A 与负电刷接触，换向片 B 与正电刷接触时，电流改由 d→c→b→a（换向器适时地改变了电枢绕组中的电流方向），如图 2.17（b）所示，电磁转矩的方向仍保持不变，使电枢按逆时针方向继续转动。

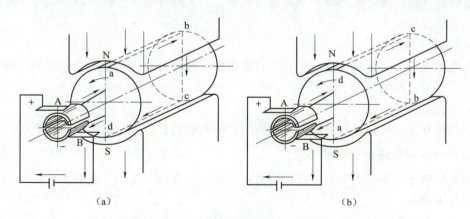

图 2.17　直流电动机的工作原理

（a）导体 ab 处于 N 极下；（b）导体 ab 处于 S 极下

四、电动汽车用直流电动机

1. 直流电动机的驱动特性

电动汽车用直流电动机的驱动特性如图 2.18 所示。

基本转速 n_b 以下为恒转矩区，基本转速 n_b 以上为恒功率区。在恒转矩区，励磁电流保持不变，改变电枢电压来控制转矩。在高速恒功率区，电枢电压不变，改变励磁电流或弱磁来控制转矩。直流电动机的这种特性很适合汽车对动力源低速高转矩和高速低转矩的使用需求，而且直流电动机结构简单、易于平滑调速、控制技术成熟，所以几乎所有早期的电动汽车都是采用直流电动机。

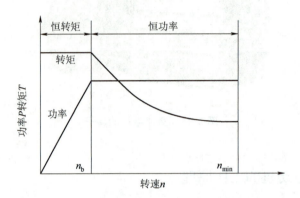

图 2.18 电动汽车用直流电动机的驱动特性

2. 直流电动机的特点

（1）调速性能好。

直流电动机可以在重负载条件下实现均匀、平滑的无级调速，而且调速范围较宽。

（2）起动转矩大。

在重负载下起动或要求均匀调节转速的机械，如大型可逆轧钢机、卷扬机等，都可用直流电动机拖动。

（3）控制简单。

直流电动机一般用斩波器控制，它具有高效率、控制灵活、质量轻、体积小、响应快等优点。

（4）有易损件。

由于存在电刷、换向器等易损零件，所以直流电动机必须进行定期维护或更换。

3. 电动汽车用直流电动机的要求

电动汽车用直流电动机与其他通用的电动机相比，有以下几个方面的技术要求：

（1）抗振动性。

由于直流电动机具有较重的电枢，所以在路况凹凸不平时的车辆振动，会影响到轴承所承受的机械应力，对这个应力进行监控和采取相应的对策是很有必要的。同时，由于振动很容易影响到换向器和电刷的滑动接触，因此必须采取提高电刷弹簧的预紧力等措施。

（2）环境的适应性。

直流电动机在电动汽车上使用时与在室外使用时的环境大体相同，所以要求在设计中充分考虑密封问题，防止灰尘和水汽侵入电动机，另外要充分考虑电动机的散热。

（3）低损耗性。

为了延长一次充电续驶里程以及抑制电动机温度的上升，尽量保持低损耗和高效率成为直流电动机的重要特性。近几年，由于稀土系列（钴、钕、硼）永久磁体的研究开发，直流电动机中的高效率化已有显著的发展。

（4）抗负荷波动性。

在不同道路上行驶时，电动机的负荷会有较大的变动，因此有必要对额定条件的设定加以重点考虑。在市区行驶时，由于交通信号以及其他状况等的影响，起动、加速工况较多，不可避免地要经常在最大功率情况下工作。此时，电刷的电火花和磨损非常强烈，因此必须注意换向极和补偿线圈的设计。在郊外行驶时，电动机的输出转矩比较低，在高速旋转大输出功率的情况下，一般要以较高效率的额定条件运行。而直流电动机在高速的情况下，对其换向器部分的机械应力和换向条件的要求会变得很严格。为此，在大型电动汽车电机驱动系统中，大多设置变速器以达到提高起动转矩的目的。

（5）小型、轻量化。

由于要释放受限的车载空间以及减轻车身总质量，因而小型和轻量化成了设计中的重要问题。直流电动机旋转部分中含有较大比例的金属铜，如电枢绕组和铜制的换向器片，所以与其他类型的电动机相比，直流电动机的小型轻量化设计更难实现。目前可以通过采用高磁导率、低损耗的电磁钢板减少磁性负荷，虽然增加了成本，但可以实现轻量化。

（6）免维护性。

根据负荷情况和运动速度等使用条件的不同，电刷的更换时间和维修作业的次数是变化的。解决办法是：采用不损伤换向器片材质的电刷，以及将检查端口制造得较大，以便维修、更换等。

4. 直流电动机的应用

电动汽车用直流电动机主要是他励式直流电动机（包括永磁直流电动机）、串励式直流电动机、复励式直流电动机三种类型。小功率（小于 10 kW）的电动机多采用小型高效的永磁式电动机，一般应用在小型、低速的专用车辆上，如电动自行车、高尔夫球车、电动叉车、警用巡逻车等。中等功率（10~100 kW）的电动机采用他励、串励或复励式直流电动机，可以用在结构简单、转矩较大的电动货车上。大功率（大于 100 kW）的电动机采用串励式直流电动机，可用在要求低速、高转矩的大型专用电动汽车上，如电动矿石搬运车、电动玻璃搬运车等。

直流电动机的效率和转速相对较低，运行时需要电刷和机械换向装置，机械换向装置容易产生电火花，不宜在多尘、潮湿、易燃、易爆环境中使用。其换向器维护困难，很难向大容量、高速度发展。此外，电火花产生的电磁干扰对高度电子化的电动汽车来说也是致命的。由于机械磨损，换向器和电刷需要定期更换，加之直流电动机价格高、质量和体积较大，这些缺点降低了直流电动机的可靠性和适用范围，一定程度上也限制了其在现代电动汽车领域的应用。随着控制理论和电力电子技术的发展，直流驱动系统和其他驱动系统相比已大大处于劣势。

五、直流电动机的调速方法

图 2.19 所示为直流电动机的物理模型。

直流电动机运行过程符合以下公式：

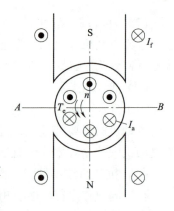

$$T_e = K_m \Phi I_a \tag{2-16}$$

式中，T_e 为电动机的电磁转矩（$N \cdot m$）；K_m 为由电动机结构参数决定的转矩常数；Φ 为励磁磁通（Wb）；I_a 为电枢电流（A）。

由直流电动机的转速特性可知，直流电动机的转速和其他参量的关系为

图 2.19 直流电动机的物理模型

$$n = \frac{U - I_a R}{K_e \Phi} \tag{2-17}$$

式中，n 为电动机的转速（r/min）；U 为电枢供电电压（V）；R 为电枢回路总电阻（Ω）；K_e 为由电动机结构参数决定的转矩常数。

改变电枢电压调速是直流调速系统采用的主要方法，调节电枢供电电压或者改变励磁磁通，都需要有专门的可控直流电源。常用的可控直流电源有以下三种：

1）旋转变流机组

用直流电动机和直流发电机组成机组以获得可调的直流电压。由交流电动机（原动机）拖动直流发电机 G 来实现变流，由直流发电机 G 给需要调速直流电动机 M 供电，调节发电机的励磁电流 i_f 的大小，就能够方便地改变其输出电压 U，从而调节电动机的转速，如图 2.20 所示。

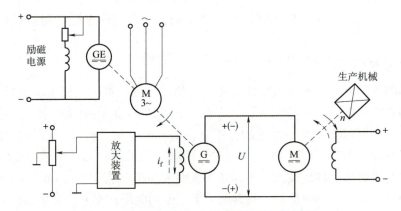

图 2.20 旋转变流机组供电的直流调速系统

2）静止可控整流器

用静止可控整流器（如晶闸管整流装置）产生可调的直流电压。与旋转变流机组装置相比，晶闸管整流装置不仅在经济性和可靠性上有很大的提高，而且在技术性能上也显示出很大的优越性。晶闸管 - 电动机调速系统原理框图如图 2.21 所示。

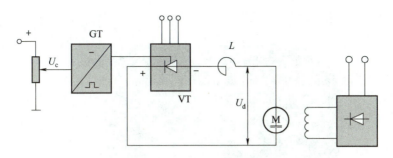

图 2.21　晶闸管 - 电动机调速系统原理框图

3）直流斩波器或脉宽调制转换器

用恒定直流电源或可控硅整流电源供电，利用直流斩波器或脉宽调制的方法产生可调的直流平均电压。直流斩波器又称直流调压器，它利用开关器件来实现通断控制，将直流电源电压断续地加到负荷上，通过通断时间的变化来改变负荷上的直流电压平均值，将固定电压的直流电源变成平均值可调的直流电源，也称直 - 直转换器，如图 2.22 所示。

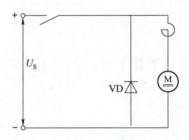

图 2.22　直流斩波器的原理电路

任务七　永磁同步电动机

永磁同步电动机（Permanent Magnet Synchronous Motor，PMSM）具有高效、高控制精度、高转矩密度、良好的转矩平稳性及低振动噪声的特点，通过合理设计永磁磁路结构能获得较高的弱磁性能，它在新能源汽车驱动方面具有很高的应用价值，受到国内外新能源汽车界的高度重视，是最具竞争力的新能源汽车驱动电动机系统之一。

❋ 一、永磁同步电动机的结构

永磁同步电动机由转子、定子和电动机端盖等部分构成。定子结构与普通感应电动机基本相同，采用叠片结构以减小电动机运行时的铁耗。转子铁芯可以做成整体实心的，也可由叠片叠压而成，其基本结构如图 2.23 所示。

电枢绕组既有采用分布短距绕组的，也有采用集中整距绕组和非常规绕组的。正弦永磁同步电动机常采用分布短距绕组，为减小杂散损耗，定子绕组常采用星形接法。永磁同步电

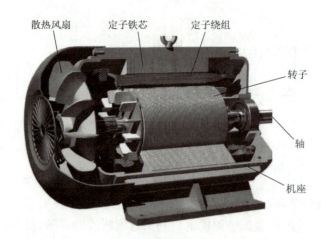

散热风扇　定子铁芯　定子绕组

转子

轴

机座

图 2.23　永磁同步电动机基本结构

动机的气隙长度对无功电流的影响不如感应电动机敏感，但对电动机的交、直流电抗影响很大，进而影响到电动机的其他性能。此外，电动机气隙长度还对电动机的杂散损耗和电动机效率有着较大的影响。

1）转子磁路结构

根据永磁体在转子位置内部布置的不同，永磁同步电动机一般可分为三种：面贴式（凸极同步电动机）、内插式（隐极同步电动机）和内埋式。三种永磁同步电动机的物理结构如图 2.24 所示。

永磁体　　　　　永磁体　　　　　永磁体

（a）　　　　　　　（b）　　　　　　　（c）

图 2.24　三种转子磁路结构的永磁同步电动机
（a）面贴式；（b）内插式；（c）内埋式

三种永磁同步电动机中面贴式永磁同步电动机制造工艺简单、成本低，但对永磁体保护较差，多为矩形波永磁同步电动机；内埋式永磁同步电动机结构和工艺简单，起动性能好，但漏磁大，需要采取隔磁措施，电动机转子强度差，而且不具备异步能力；内插式永磁同步电动机永磁体位于转子内部，外表面与定子铁芯内侧之间有铁磁材料制成的极靴，极靴中放置有铜条笼或铸铝笼，产生阻尼与起动转矩，稳态、动态性能好，广泛用于动态性能要求高或需要异步起动的电驱动系统。内插式永磁同步电动机的永磁体得到极靴的有效保护，其转子磁路的不对称性产生的磁阻转矩也有助于提高电动机功率密度和过载能力，且易于"弱磁"扩速，使电动机在恒功率运行时具有较宽的调速范围。

2）磁极的数量

一般感应电动机的磁极数量增多以后，电动机在同样的转速下，工作频率随之增加，定子的铜耗和铁耗也相应增加，将导致功率系数急剧下降。而永磁电动机的磁极增至一定数量以后，不仅对电动机的性能没有明显的影响，还可以有效地减小电动机的尺寸和质量。

永磁电动机的气隙直径和有效长度，取决于电动机的额定转矩、气隙磁通密度、定子绕组的线电流密度等参数变化的影响。气隙磁通密度主要受磁性材料的磁性限制，因此需要采用磁能密度高的磁性材料。另外，在气隙磁通密度相同的条件下，增加磁极的数量，就可以减小电动机磁极的横截面面积，从而使电动机转子的铁芯的直径减小。图 2.25 所示为二极、四极和六极永磁转子的结构。

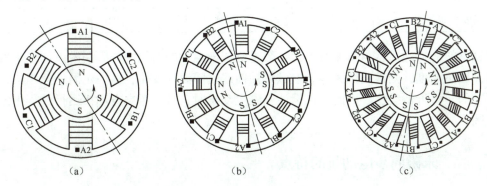

（a）　　　　　　　　　（b）　　　　　　　　　（c）

图 2.25　不同磁极数量的转子

（a）二极永磁转子；（b）四极永磁转子；（c）六极永磁转子

3）永磁体材料

永磁体给电动机提供长久励磁，目前用于电动机的永磁体材料主要有三类：

（1）铝镍钴。

（2）陶瓷（铁氧体），如钡铁氧体和铁酸锶。图 2.26 所示为烧结铁氧体实物图。

（3）稀土永磁材料，即钐钴和钕铁硼。

图 2.26　烧结铁氧体实物图

项目二　电动汽车基础

永磁材料的性能如表2.2所示。

表 2.2 永磁材料的性能

分类	钕铁硼	钐钴	铝镍钴	铁氧体
剩余磁感应强度	12.5	8.7	12.8	3.8
矫顽力	10.5	8.0	0.6	3.0
最大磁能积	36.0	18.3	5.5	3.5
恢复磁导率	1.8	1.0	4.0	1.0
居里温度	310	720	800	310
温度系数	−0.13	−0.04	−0.03	−0.19

永磁材料的特性通常与温度有关，一般永磁体随温度的增加而失去剩磁，如果永磁体的温度超过居里温度，则其磁性为零。退磁特性曲线也随温度变化，在一定温度范围内，其变化是可逆的，且近似线性。因此，在设计永磁电动机时，必须考虑电动机运行过程中温度的变化范围。

✳ 二、永磁同步电动机的特点

永磁同步电动机的特点是，永磁体在气隙中产生的磁场空间上按照正弦分布，定子三相绕组为正弦分布绕组，电动机的反电动势及电动机定子电流均为正弦波。永磁同步电动机通常采用矢量控制策略，其定子电流的直轴分量为零，其交轴电流在磁场的作用下产生电磁转矩，利用矢量控制算法可以实现宽范围的恒功率弱磁调速。永磁同步电动机的优点是效率高、体积小、质量轻、控制精度高、转矩脉动小等。但是控制器较复杂，因此造成其目前成本偏高。

✳ 三、永磁同步电动机的工作原理

永磁同步电动机的转子为永久磁铁，定子绕有均匀分布的三相绕组。其工作原理如图2.27所示。当定子绕组输入三相正弦交流电时，会产生一个旋转磁场，该磁场与转子的永磁体磁场相互作用，使转子产生电磁转矩，并随着定子的旋转磁场转动，由于转子的转动与旋转磁场同步，故称为交流同步电动机。

由于同步电动机的转速 n 与定子的旋转磁场同步，因此，电动机的转速可表示为

$$n = n_s = \frac{60f}{p} \qquad (2-18)$$

式中，n_s 为同步转速；f 为电源频率；p 为电动机磁极对数。

从式（2−18）可知，对某一型号的同步电动机来说，其转速只与电源的频率有关。

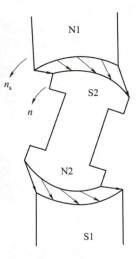

图 2.27 永磁同步电动机工作原理

四、永磁同步电动机的控制

为了使永磁同步电动机有直流电动机那样的优良控制特性，永磁同步电动机的控制如同交流异步电动机，先后提出了多种控制方法，如恒压频比开环控制、矢量控制、直接转矩控制、自适应控制、滑模变结构控制、模糊控制、神经网络控制等。

由于永磁同步电动机和交流异步电动机的转子结构不同，电动机的工作方式也不一样，因而其数学模型也不同，即使采用同样的恒压频比开环控制、矢量控制、直接转矩控制等控制方法，其控制的算法及控制器电路也均会有所差别。

为了提高电动机的控制性能和控制精度，永磁同步电动机也应用了模糊控制、神经网络控制等智能化的控制技术。在智能化的电动机控制系统中，可将控制系统理解为多环结构，智能控制用于外环的速度控制。而内环的电流控制、转矩控制仍为传统的控制方法。

任务八　感应电动机

感应电动机就是异步交流电动机，是由气隙旋转磁场与转子绕组感应电流相互作用产生电子转矩，从而实现电能转换为机械能的一种交流电动机。感应电动机是各类电动机中应用最广、需求量最大的一种。

感应电动机的种类很多，常按转子结构和定子绕组相数进行分类。按转子结构的不同来分，感应电动机可分为笼型感应电动机和绕线型感应电动机；按定子绕组相数的不同来分，感应电动机分为单相感应电动机、两相感应电动机和三相感应电动机。

新能源汽车中笼型感应电动机应用较为广泛，其结构简单、制造成本低、结构坚固，而且维修方便。

一、感应电动机的结构

感应电动机主要由定子和转子两大部分组成，定子和转子之间存在气隙，此外，还有端盖、轴承、机座和风扇等部件。

1. 定子

感应电动机的定子由定子铁芯、定子绕组和机座构成，如图 2.28 所示。

1）定子铁芯

定于铁芯是电动机磁路的一部分，并在其上放置定子绕组。定子铁芯一般由 0.35 ~ 0.5 mm 厚的、表面具有绝缘层的硅钢片冲制、叠压而成，在铁芯的内圆冲有均匀分布的槽，用以嵌放定子绕组。定子铁芯槽有半闭口形槽、半开口形槽和开口形槽三种。

2）定子绕组

定子绕组是电动机的电路部分，通入三相交流电产生旋转磁场。定子绕组由 3 个在空间互隔 120°、对称排列的结构完全相同的绕组连接而成，这些绕组的各个线圈按一定规律分

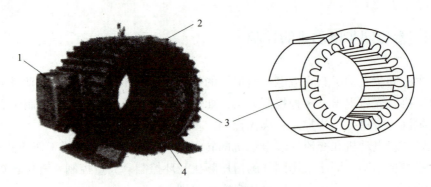

图 2.28　定子的构成

1—接线盒；2—外壳；3—定子铁芯；4—定子绕组

别嵌放在定子各槽内。

3）机座

机座主要用于固定定子铁芯与前、后端盖，用以支撑转子并起防护、散热等作用。机座常为铁铸件，大型感应电动机则用铜板焊接而成，微型感应电动机多采用铸铝件。封闭式电动机的机座外面有散热筋以增加散热面积，防护式电动机的机座两端盖开有通风孔，使电动机内、外的空气可直接对流，以利于散热。

2. 转子

感应电动机的转子由转子铁芯、转子绕组和转轴组成，如图 2.29 所示。

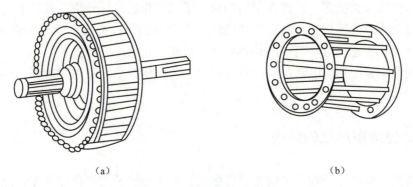

（a）　　　　　　　　　　　　　　　　　（b）

图 2.29　笼型转子的构成

（a）笼型绕组；（b）转子外形

1）转子铁芯

转子铁芯也是电动机磁路的一部分，并在铁芯槽内放置转子绕组。转子铁芯所用材料与定子一样，由 0.5 mm 厚的硅钢片冲制、叠压而成，硅钢片外圆有均匀分布的孔，用来安置转子绕组。通常用定子铁芯冲落后的硅钢片内圆来冲制转子铁芯。一般小型感应电动机的转子铁芯直接压装在转轴上，大、中型感应电动机（转子直径 300～400 mm）的转子铁芯则借助于转子支架压在转轴上。

2）转子绕组

转子绕组是转子的电路部分，它的作用是切割定子旋转磁场产生感应电动势及电流，并形成电磁转矩而使电动机旋转。转子绕组分为笼式转子和绕线式转子两类。

3）转轴

转轴用于固定和支撑转子铁芯，并输出机械功率，一般使用中碳钢制成。

4）气隙

感应电动机定子与转子之间有一个小间隙，称为电动机气隙。气隙的大小对感应电动机的运行性能有很大的影响。中、小型感应电动机的气隙一般为 0.2 ~ 2 mm；功率越大、转速越高，则气隙的尺寸越大。

✳ 二、感应电动机的工作原理

1）转子电磁转矩的产生

图 2.30 所示为感应电动机的工作原理。感应电动机的三相定子绕组通入三相交流电后将产生一个旋转磁场，该旋转磁场切割转子绕组从而在转子绕组中产生感应电动势，电动势的方向由右手定则来确定。由于转子绕组是闭合通路，转子中便有电流产生，电流方向与电动势方向相同，而载流的转子导体在定子旋转磁场作用下将产生电磁力，电磁力的方向可由左手定则确定。由电磁力进而产生电磁转矩，驱动电动机旋转，并且电动机旋转方向与旋转磁场方向一致。

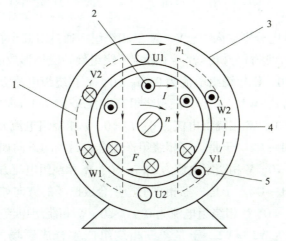

图 2.30　感应电动机的工作原理
1—磁路；2—转子绕组；3—定子；4—转子；5—定子绕组

从感应电动机电磁转矩产生的工作原理可知，只有当转子的转速 n 低于定子旋转磁场的转速 n_1 时，转子绕组才会切割磁力线而产生感应电流，才有可能产生电磁转矩而使转子转动起来。也就是说，电动机能够工作的基本条件是 $n < n_1$。因此，这种电动机称为交流异步电动机。n_1 和 n 差值（$\Delta n = n_1 - n$）与 n_1 的比值称为转差率 s。三相交流异步电动机转子的转速随着负载的变化而改变，因此，电动机工作中的转差率 s 随着负载的变化而变化。

2）定子旋转磁场的产生

感应电动机转子产生的电磁转矩源于定子的旋转磁场，那么，定子的旋转磁场是如何产生的呢？定子绕组通入的是三相交流电（见图 2.31），对称布置的三相定子绕组通电后磁场方向的变化如图2.32所示。

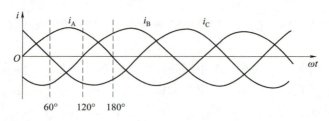

图2.31　输入定子绕组的三相交流电波形

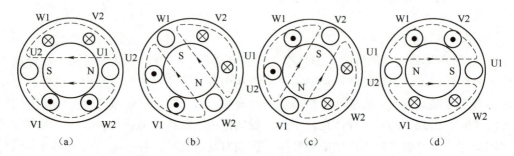

（a）　　　　　（b）　　　　　（c）　　　　　（d）

图2.32　对称布置的三相定子绕组通电后磁场方向的变化

（a）$\omega t = 0°$；（b）$\omega t = 60°$；（c）$\omega t = 120°$；（d）$\omega t = 180°$

A、B、C三相交流电分别输入U、V、W三相绕组，通过对几个特殊时刻电枢三相绕组形成磁场方向的变化情况进行分析，就可了解定子绕组旋转磁场形成的原理。

当$\omega t = 0°$时，$i_A = 0$，U相绕组电流为0；$i_B < 0$，V相绕组电流方向为V2→V1；$i_C > 0$，W相绕组电流方向为W1→W2。于是，三相绕组产生合成磁场的方向如图2.32（a）所示。

当$\omega t = 60°$时，$i_C = 0$，W相绕组电流为0；$i_B < 0$，V相绕组电流方向为V2→V1；$i_A > 0$，U相绕组电流方向为U1→U2。于是，三相绕组产生合成磁场的方向如图2.32（b）所示。

当$\omega t = 120°$时，$i_B = 0$，V相绕组电流为0；$i_C < 0$，W相绕组电流方向为W2→W1；$i_A > 0$，U相绕组电流方向为U1→U2。于是，三相绕组产生合成磁场的方向如图2.32（c）所示。

当$\omega t = 180°$时，$i_A = 0$，U相绕组电流为0；$i_C < 0$，W相绕组电流方向为W2→W1；$i_B > 0$，V相绕组电流方向为V1→V2。于是，三相绕组产生合成磁场的方向如图2.32（d）所示。

于是，当三相交流电持续输入定子绕组时，就会形成一个按顺时针方向转动的旋转磁场。通过电动机正反转控制电路改变接入三相交流电的相序，就可使磁场旋转的方向改变，实现电动机的反转控制。

三、感应电动机的性能特点

电动汽车感应电动机具有以下特点：

（1）小型轻量化。

（2）易实现转速超过10 000 r/min的高速旋转。

（3）高速低转矩时运转效率高。

（4）低速时有高转矩，以及有宽泛的速度控制范围。

（5）可靠性高（坚固）。

（6）制造成本低。

（7）控制装置的简单化。

感应电动机成本低且可靠性高，即使逆变器损坏而产生短路时也不会产生反向电动势，所以没有出现紧急制动的可能性。因此，感应电动机广泛应用于大型高速的电动汽车中。感应电动机的功率容量覆盖面很广，从零点几瓦到几千瓦。它可以采用空气冷却或液体冷却方式，冷却自由度高，对环境的适应性好，并且能够实现再生制动。与同样功率的直流电动机相比，感应电动机效率较高，且质量约减轻一半。

一般情况下，作为电动汽车专用的电动机，由于安装条件受限，而且要求小型轻量化，因此电动机在 10 000 r/min 以上的高速运转时，大多采用一级齿轮减速器实现减速。此外，由于振动等恶劣工作环境，低速状态下需要高转矩，并且要求在较宽的速度范围内具有恒输出功率特性，所以电动汽车用感应电动机与一般工业用的电动机不同，因此在设计上采用了各种新方法。

出于对工作环境的考虑，电动机大多采用全封闭式结构，为了框架、托座等结构轻量化，采用压铸铝的方式制造，也有采用将定子铁芯裸露在外表面的无框架的结构。为了实现小型轻量化，大多电动汽车采用了水冷却定子框架的水冷式电动机。高速运转时由于频率升高会引起铁损的增大，因此希望减少电动机的极数，一般采用 2 极或 4 极，但是 2 极时线圈端部的长度变长，所以采用 4 极的场合较多。此外，为了减少铁损，普遍采用了有良好磁性的电磁钢板。

✳ 四、感应电动机的控制方法

感应电动机是一个多变量（多输入、多输出）系统，其中变量电压（电流）、频率、磁通、转速之间又相互影响，所以它又是强耦合的多变量系统。如何对这样一个非线性、多变量、强耦合的复杂系统进行有效控制，成为感应电动机的研究重点。

目前对感应电动机的调速控制主要有矢量控制、直接转矩控制、转速控制、变频恒压控制、自适应控制、效率优化控制等。本节详细介绍前两种控制方式。

1. 矢量控制

矢量控制也称为磁场定向控制，该控制方式实现了感应电动机磁通和转矩的解耦控制，使交流传动系统的动态特性有显著的改善，在提高电动汽车驱动器的动态性能方面，相对于变频调速控制，磁场定向控制得到了较多关注。因系统具有非线性、多变量、强耦合的变参数特性，所以很难直接通过外加信号准确控制电磁转矩。矢量控制的基本原理是通过测量和控制感应电动机定子电流矢量，根据磁场定向原理分别对感应电动机励磁电流和转矩电流进行控制，从而达到控制感应电动机转矩的目的。

矢量控制的具体原理是将感应电动机的定子电流矢量分解为产生磁场的电流分量（励磁电流）和产生转矩的电流分量（转矩电流）分别加以控制，并同时控制两分量间的幅值和相位，即控制定子的电流矢量，所以这种控制方式称为矢量控制方式。矢量控制分为基于转差率控制的矢量控制方式、无速度传感器矢量控制方式和有速度传感器的矢量控制方式等。它是一种控制感应电动机的有效方法，与直流电动机类似，也可得到高速转矩响应。

随着矢量控制技术的发展，出现了许多矢量控制方法，这些方法基本上可分两类，即直接磁场定向控制和间接磁场定向控制。直接磁场定向控制需要直接测量转子磁场，增加了执行的复杂性和低速时测量的不可靠性。因此，直接磁场定向控制很少用于电动汽车的驱动。与直接磁场定向控制不同，间接磁场定向控制通过计算确定转子磁场，而不是直接测量，这种方法相对于直接磁场定向控制更易于实现。因此，间接磁场定向控制在高性能的电动汽车电机驱动系统中具有很好的应用前景。

2. 直接转矩控制

直接转矩控制以转矩为中心进行磁链、转矩的综合控制。与矢量控制不同，直接转矩控制不采用解耦的方式，从而在算法上不存在旋转坐标变换，简单地通过检测电动机定子电压和电流，借助瞬时空间矢量理论计算电动机的磁链和转矩，并根据与给定值比较所得的差值来实现磁链和转矩的直接控制。图 2.33 所示为直接转矩控制感应电动机系统框图。

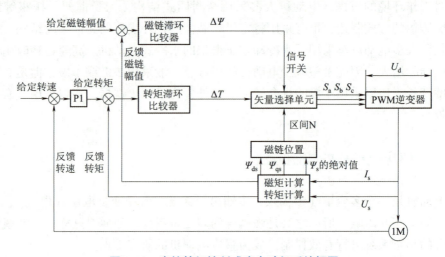

图 2.33 直接转矩控制感应电动机系统框图

由于直接转矩控制省掉了矢量变换方式的坐标变换与计算、为解耦而简化感应电动机数学模型且没有通常的脉宽调制（PWM）信号发生器，所以它的控制结构简单，控制信号处理的物理概念明确，系统的转矩响应迅速且无超调，是一种具有高动、静态性能的交流调速控制方式。直接转矩控制磁通估算所用的是定子磁链，只要已知定子电阻就可以把它观测出来，因此直接转矩控制大大解决了矢量控制技术中控制性能易受参数变化影响的问题。

直接转矩控制方法对逆变器开关频率提高的限制较大，定子电阻对电动机低速性能也有较大影响。如在低速区定子电阻的变化引起的定子电流和磁链的畸变以及转矩脉动、死区效应和开关频率等问题。

从理论上看，直接转矩控制有矢量控制所不及的转子参数鲁棒性和结构上的简单性。然而在技术实现上，直接转矩控制往往很难体现出优越性，调速范围不及矢量控制宽，其根源主要在于其低速转矩特性差、稳态转矩脉动的存在及带负载能力的下降，这些问题制约了直接转矩控制进入实用化的进程。

任务九　开关磁阻电动机

开关磁阻电动机（Switched Reluctance Motor，简称 SRM）是根据磁阻差产生反转磁矩的原理而制成的一种电动机。这种电动机定子除绕组独立接线之外，其他与交流异步电动机的定子结构一样，而转子是用硅钢片叠成，具有不同数量凸极而已，没有滑环绕组和永久磁铁。开关磁阻电动机是继直流电动机和交流电动机之后的一种极具发展潜力的新型电动机，它结构非常简单，起动性能好，没有电流冲击、效率高，由其构成的调速系统兼有交流异步电动机变频调速和直流电动机调速宽的优点，其运行性能和经济指标比普通的交流调速系统，甚至比晶闸管、直流电动机都好，加上现代电力电子学技术的发展，被认为是在新能源汽车中一种极具潜力的电驱动方式。

❋ 一、开关磁阻电动机的结构

开关磁阻电动机由双凸极的定子和转子组成，其定子、转子的凸极均由普通的硅钢片叠压而成，如图 2.34 所示。定子极上绕有集中绕组，把沿径向相对的两个绕组串联成一个两极磁极，称为"一相"；转子既无绕组又无永磁体，仅由硅钢片叠成。

图 2.34　开关磁阻电动机的组成

开关磁阻电动机有多种不同的相数结构，如单相、二相、四相及多相等，且定子和转子的极数有多种不同的搭配。低于三相的开关磁阻电动机一般没有自起动能力。相数多有利于减小转矩脉动，但结构复杂、主开关器件多、成本增高。目前应用较多的是四相 8/6 极结构、三相 6/4 极结构及六相 12/8 极结构，如图 2.35 所示。

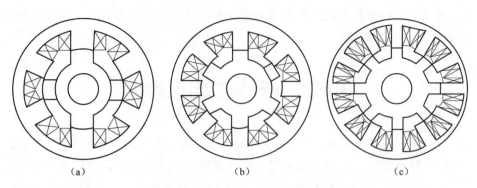

图 2.35　开关磁阻电机的基本结构

（a）6/4 极；（b）8/6 极；（c）12/8 极

在定子相对称的两个凸极上的集中绕组互相串联，构成一相，但在转子上没有任何绕组。因此，定子上有 6 个凸极的为三相开关磁阻电动机，定子上有 8 个凸极的为四相开关磁阻电动机，以此类推。其不同组合方式的结构方案如表 2.3 所示。

表 2.3　开关磁阻电动机的结构方案

相数	3	4	5	6	7	8	9
定子极数	6	8	10	12	14	16	18
转子极数	4	6	8	10	12	14	16
步进角/（°）	30	15	9	6	4.28	3.21	2.5

✳ 二、开关磁阻电动机的特点

开关磁阻电动机与其他电动机相比，具有以下优点：

（1）可控参数多，调速性能好。可控参数有主开关开通角、主开关关断角、相电流幅值、直流电源电压，控制方便，可四象限运行，容易实现正转、反转和电动、制动等特定的调节控制。

（2）结构简单、成本低。开关磁阻电动机转子无绕组，也不加永久磁铁，定子为集中绕组，比传统的直流电动机、永磁电动机及感应电动机都简单，制造和维护方便；它的功率变换器比较简单，主开关元件数较少、电子器件少、成本低。

（3）损耗小，运转效率高。开关磁阻电动机的转子不存在励磁及转差损耗，功率变换器元器件少，相应的损耗也小；控制灵活，易于在很宽转速范围内实现高效节能控制。

（4）起动转矩大，起动电流小。在 15% 额定电流的情况下就能达到 100% 的起动转矩。

但是，由于开关磁阻电动机的特殊结构和工作方式，也存在如下一些缺点：

（1）转矩脉动现象较大。

（2）振动和噪声相对较大，特别是在负载运行的时候。

（3）电动机的出线头相对较多，还有位置检测器出线端。

（4）电动机的数学模型比较复杂，其准确的数学模型较难建立。

（5）控制复杂，依赖于电动机的结构。

✳ 三、开关磁阻电动机的工作原理

开关磁阻电动机的转矩是磁阻性质，其运行原理遵循"磁阻最小原理"，磁通总是要沿磁阻最小的路径闭合，因磁场扭曲而产生切向磁拉力，如图 2.36 所示，具体过程如下：

当 A 相绕组电流控制开关 S1、S2 闭合时，A 相励磁，所产生的磁场力使转子旋转到转子极轴线 aa′ 与定子极轴线 AA′ 的重合位置，从而产生磁阻性质的电磁转矩。顺序给 A – B – C – D 相绕组通电（B、C、D 各相绕组在图中未画出），则转子便按逆时针方向连续转动起来；反之，依次给 D – C – B – A 相绕组通电，则转子会沿顺时针方向转动。在多相电动机实际运行中，也常出现两相或两相以上绕组同时导通的情况。当 q 相定子绕组轮流通电一次，转子转过一个转子极距。

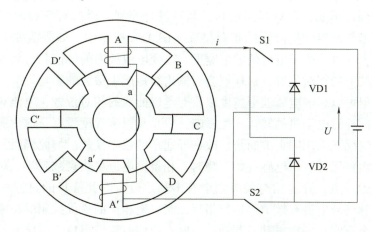

图 2.36　四相 8/6 极 SR 电机典型结构原理图

设每相绕组开关频率（主开关开关频率）为 f_{ph}，转子极数为 N_r，则 SR 电动机的同步转速（r/min）可表示为

$$n = \frac{50 f_{ph}}{N_r}$$

由于是磁阻性质的电磁转矩，SR 电动机的转向与相绕组的电流方向无关，仅取决于相绕组通电的顺序，这能够充分简化功率变换器电路。当主开关 S1、S2 接通时，A 相绕组从直流电源 U 吸收电能，而当 S1、S2 断开时，绕组电流通过续流二极管 VD1、VD2 将剩余能量回馈给电源 U。因此，SR 电动机具有能量回馈的特点，系统效率高。

开关磁阻电动机的运行特性可分为 3 个区域：恒转矩区、恒功率区、串励特性区（自然特性区），如图 2.37 所示。

开关磁阻电动机一般运行在恒转矩区和恒功率区。在这两个区域内，电动机的实际

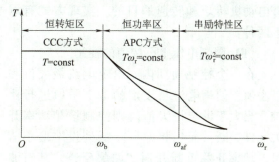

图 2.37　开关磁阻电动机的运行特性图

运行特性可控。通过控制条件，可以实现在实线以下的任意实际运行特性。

在恒转矩区，电动机转速较低，电动机反电动势小，因此需采用电流斩波控制（CCC）方式。

❀ 四、开关磁阻电动机的控制

开关磁阻电动机不同于常规的感应电动机，因其自身结构的特殊性，既可以通过控制电动机自身的参数（如开通角、关断角）来实现，也可以用适用于其他电动机上的控制理论，如 PID 控制、模糊控制等，对功率变换器部分进行控制，进而实现电动机的速度调节。

针对开关磁阻电动机的自身参数进行控制，目前主要使用的几种基本控制方法有角度控制法（APC）、电流斩波控制法（CCC）和电压控制法（VC）。

1）角度控制法（APC）

APC 是电压保持不变，而对开通角和关断角进行控制，通过对它们的控制来改变电流波形以及电流波形与绕组电感波形的相对位置。在 APC 控制中，如果改变开通角，而它通常处于低电感区，则可以改变电流的波形宽度、改变电流波形的峰值和有效值大小以及改变电流波形与电感波形的相对位置，这样就会对输出转矩产生很大的影响。改变关断角一般不影响电流峰值，但可以影响电流波形宽度以及与电感曲线的相对位置，电流有效值也随之变化，因此关断角同样对电动机的转矩产生影响，只是其影响程度没有开通角那么大。具体实现过程中，一般情况下采用固定关断角、改变开通角的控制模式。与此同时，固定关断角的选取也很重要，需要保证绕组电感开始下降时，相绕组电流尽快衰减到零。对应于每个由转速与转矩确定的运行点，开通角与关断角会有多种组合，因此选择的过程中要考虑电磁功率、效率、转矩脉动及电流有效值等运行指标，来确定相应的最优控制的角度。在系统的控制中，要遵循一个原则，即在电动机制动运行时，应使电流波形位于电感波形的下降段；而在电动机电动运行时，应使电流波形的主要部分位于电感波形的上升段。

角度控制的优点是：转矩调节范围大；可允许多相同时通电，以增加电动机输出转矩，且转矩脉动小；可实现效率最优控制或转矩最优控制。但角度控制法不适应于低速工况，一般在高速运行时应用。

2）电流斩波控制法（CCC）

在电流斩波控制方式中，一般使电动机的开通角和关断角保持不变，主要靠控制斩波电流值的大小来调节电流的峰值，从而起到调节电动机转矩和转速的目的。实现方式有以下两种：

（1）限制电流上下幅值的控制。

在一个控制周期内，给定电流最大值和最小值，使相电流与设定的上下限值进行比较，当大于设定最大值时则控制该相功率开关元件关断，而当相电流降低到设定最小值时，功率开关重新开通，如此反复，其斩波的波形如图 2.38 所示。这种方式，由于一个

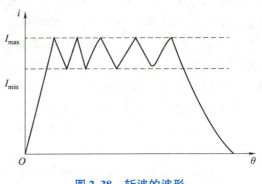

图 2.38　斩波的波形

周期内电感变化率不同，因此斩波频率疏密不均，在电感变化率大的区间，电流上升快。斩波频率一般很高，开关损耗大，优点是转矩脉动小。

（2）电流上限和关断时间恒定。

与上一种方法的区别是，当相电流大于电流斩波上限值时，就将功率开关元件关断一段固定的时间再开通。而重新导通的触发条件不是电流的下限而是定时，在每一个控制周期内，关断时间恒定，但电流下降多少取决于绕组电感量、电感变化率、转速等因素，因此电流下限并不一致。关断时间过长，相电流脉动大，易发生"过斩"；关断时间过短，斩波频率又会较高，功率开关元件开关损耗增大。应该根据电动机运行的不同状况来选择关断时间。

电流斩波控制适用于低速和制动运行工况，可限制电流峰值的增长，并起到良好有效的调节作用，而且转矩也比较平稳，电动机转矩脉动一般也比采用其他控制方式时要明显减小。

3）电压控制法（VC）

电压控制法与前两种控制方法不同，它不是实时地调整开通角和关断角，而是某相绕组导通阶段，在主开关的控制信号中加入 PWM 信号，通过调节占空比来调节绕组端电压的大小，从而改变相电流值。具体方法是在固定开通角和关断角的情况下，用 PWM 信号来调制主开关器件相控信号，通过调节此 PWM 信号的占空比，以调节加在主开关上驱动信号波形的占空比，从而改变相绕组上的平均电压，进而改变输出转矩。电压斩波控制是通过 PWM 的方式调节相绕组的平均电压值，间接调节和限制过大的绕组电流，适合于转速调节系统，抗负荷扰动的动态响应快。这种控制实现容易且成本较低；缺点在于导通角度始终固定，功率元件开关频率高、开关损耗大，不能精确控制相电流。

实际上在开关磁阻电动机双向控制系统中，采用的是后两种控制方法。具体的发电/电动状态控制策略框图如图 2.39 所示。

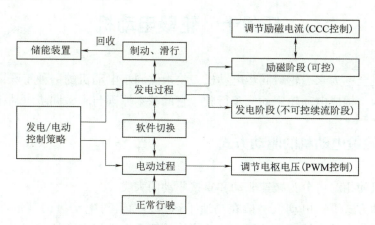

图 2.39　具体的发电/电动状态控制策略框图

开关磁阻电动机的动作过程可分为发电过程和电动过程，分别对应于新能源汽车的制动、滑行以及正常行驶过程，而将新能源汽车制动、滑行时的能量回收到储能装置中，即为能量的再生回馈；发电状态和电动状态是通过软件来实现切换的。在整个发电回馈过程中，由于开关磁阻电动机本体结构特殊，其定子绕组既是励磁绕组又是电枢绕组，故其励磁与续流（发电）过程必须采用周期性分时控制。其励磁过程是可控的，但续流（发电）过程不可控，因而采用电流斩波控制来调节励磁阶段励磁电流的大小，从而实现对发电过程的控制。而电动过程采用电压斩波控制，以调节电枢平均电压从而实现对转矩和转速的调节。

开关磁阻电动机双向控制系统的主要目标是实现开关磁阻电动机的双向运行，重点在于发电/电动状态下的最优控制以及能量回馈问题，不但要让开关磁阻电动机在电动状态下获得优越的调速性能，也要保证其发电状态下的能量回馈。其总体方案框图如图 2.40 所示。

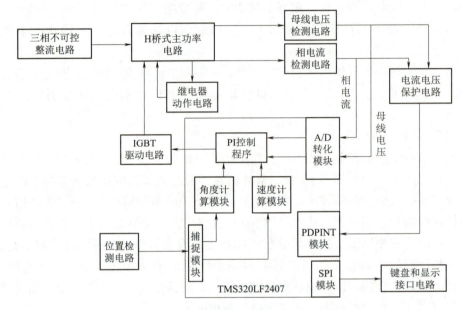

图 2.40　双向控制系统总体方案框图

任务十　轮毂电动机

轮毂电动机全称为永磁轮毂同步电动机，是永磁同步电动机的一种特殊结构。它把电动机安装在轮辋内，构成电动轮驱动汽车行驶。它的基本原理与永磁同步电动机相同。

❄ 一、轮毂电动机的驱动方式

轮毂电动机使用时可分为减速驱动和直接驱动两大类。

在减速驱动方式下，电动机一般在高速下运行，而且对电动机的其他性能没有特殊要求，因此可选用普通的内转子电动机。减速机构放置在电动机和车轮之间，起减速和增加转矩的作用。减速驱动的优点是：电动机运行在高速下，具有较高的功率和效率比；体积小，质量小；转矩大、爬坡性能好；能保证汽车在低速运行时获得较大、平稳的转矩。减速驱动的不足之处是：难以实现液态润滑、齿轮磨损较快、使用寿命短、不易散热、噪声大。减速驱动方式适合于丘陵或山区，以及要求过载要求或城区公交车等需要频繁起动/停车等场合。

在直接驱动方式下，电动机多采用外转子（即直接将转子安装在轮毂上）。为了使汽车能够顺利起步，要求电动机在低速时能提供大的转矩。此外，为了使汽车能够有较好的动力性，电动机需具有较宽的调速范围。直接驱动的优点有：不需要减速机构，使整个驱动结构更加简单、紧凑，轴向尺寸也较小，而且效率也进一步提高，响应速度也变快。其缺点是：起步、迎风行驶或爬坡以及承载较大载荷时需要大电流，易损坏电池和永磁体；电动机功率峰值区域很小，负荷电流超过一定值后功率急剧下降。此驱动方式适用于平路或负荷较轻的场合。

❄ 二、轮毂电动机的优点

与内燃机汽车和单电动机集中驱动电动汽车相比，使用轮毂电动机驱动系统的汽车具有多方面优势：

（1）动力控制由硬连接改为软连接形式。通过电子线控技术，实现各电动轮从零到最大速度的无级变速和各电动轮间的差速要求，从而省略了传统汽车所需的机械式操纵换挡装置、离合器、变速器、传动轴和机械差速器等，使驱动系统和整车结构简洁，可利用空间大，传功效率提高。

（2）各电动轮的驱动力直接独立可控，使其动力学控制更为灵活、方便；合理控制各电动轮的驱动力，从而提高恶劣路面条件下的行驶性能。

（3）容易实现各电动轮的电气制动、机电复合制动和制动能量反馈。

（4）底架结构大为简化，使整车总布置和车身造型设计的自由度增加。若能将底架承载功能与车身功能分类，则可实现相同底盘、不同车身造型的产品多样化和系列化，从而缩短新车型的开发周期，降低开发成本。

（5）若在采用轮毂电动机驱动系统的四轮电动汽车上导入线控四轮转向技术（4WS），则可实现车辆转向行驶高性能化，可有效减小转弯半径，甚至能实现零转向半径，增加了转向灵便性。

1. 新能源汽车用动力电池有哪些类型？电动机的分类有哪些？
2. 动力电池的性能指标主要有哪些？
3. 新能源汽车对动力电池有哪些要求？
4. 新能源汽车用蓄电池主要有哪几种？各自的特点是什么？
5. 新能源汽车对电动机有哪些要求？
6. 直流电动机有哪些类型？
7. 永磁同步电动机的运行原理与特性是什么？
8. 感应电动机的工作原理是什么？其控制方法有哪些？
9. 开关磁阻电动机的工作原理是什么？其控制方法有哪些？

项目三

纯电动汽车

学习目标

通过本项目的学习，学生能够了解纯电动汽车的发展现状和纯电动汽车的典型车型，掌握纯电动汽车的基本结构及工作原理。

学习引入

纯电动汽车是指利用动力电池作为储能动力源，通过电池向电机提供电能，驱动电机运转，从而推动汽车前进的一种新能源汽车。与传统内燃机车辆相比，纯电动汽车具有很多优点，如噪声小、结构简单、维修方便。同时，纯电动汽车零排放、零污染的特点，使纯电动汽车不仅仅是一辆车，更是实现清洁道路运输的一种全新系统。

任务一　纯电动汽车概述

纯电动汽车（Blade Electric Vehicles，BEV）是指以车载电源（如铅酸蓄电池、镍镉蓄电池、镍氢蓄电池或锂离子蓄电池）为动力，用电动机驱动车轮行驶，符合道路交通、安全法规各项要求的车辆。就定义来说是指单纯用蓄电池作为驱动能源的汽车，它是涉及机械、动力学、电化学、电机学、微电子和计算机控制等多种学科的高科技产品。图3.1所示为法国标致 e-208 型纯电动汽车。

图3.1　法国标致 e-208 型纯电动汽车

✳ 一、纯电动汽车的特点

（1）节能，不消耗石油。

（2）环保，无污染，噪声和振动小。

（3）能量主要是通过柔性的电线而不是通过刚性联轴器和转轴传递，各部件的布置具有很大的灵活性。

（4）驱动系统布置不同会使系统结构区别很大。

（5）采用不同类型的电机（如直流电机和交流电机）会影响到纯电动汽车的质量、尺寸和形状。

（6）不同类型的储能装置也会影响电动汽车的质量、尺寸及形状。

（7）能源效率高，多样化。

（8）不同的补充能源装置具有不同的硬件和机构，如蓄电池可通过充电器充电，或者采用替换蓄电池的方式。

（9）结构简单，生产工艺相对成熟，使用维修方便。

（10）动力电源使用成本高，续驶里程短。

✳ 二、纯电动汽车的分类

纯电动汽车有多种分类方法，可按所选用的蓄能装置或驱动电动机的不同来分类，其中又可组成许多不同组合；也可按驱动结构布局或用途的不同来分类。

1）按蓄能装置分类

纯电动汽车目前所采用的蓄能装置主要有铅酸蓄电池、锂离子蓄电池、镍氢蓄电池、钠硫蓄电池，其中，铅酸蓄电池技术较成熟，价格也较便宜，但其性能和使用寿命都要差些。其余几类均属于正在研究改进的蓄电池，其性能都比铅酸蓄电池要好许多，但目前价格也较贵，随着工艺技术的成熟及批量的扩大，其性价比也一定会有较大的提高。

2）按驱动电动机分类

纯电动汽车的驱动电动机主要有直流电动机、交流电动机、永磁同步电动机、开关磁阻电动机等。直流电动机具有控制较简单、成本较低、技术成熟等优点，但直流电动机由于具有电刷，因此存在换向火花、电刷易磨损、需定期维护等缺点。交流感应电动机本身具有坚固耐用、效率高、体积小、免维护等优点，并且整个驱动系统具有调速范围宽、能较有效地实现再生制动，但其驱动控制器由于必须通过逆变器并采用矢量控制变频调速，其线路较复杂，价格也较高。永磁同步电动机采用永久磁铁励磁，能量转换效率高、过载能力强等优点，但目前尚存在着成本较高、功率受限等缺点，开关磁阻电动机驱动系统是一种新型的典型机电一体化装置，具有结构简单、坚固可靠、制造成本低、调速性能好、效率高、能有效地实现发电回馈制动等优点，其缺点主要是振动及噪声较大，需通过技术措施来改进。

3）按用途分类

纯电动汽车可分为电动轿车、电动货车和电动客车三种。电动轿车是目前最常见的纯电动汽车。除了一些概念车，纯电动轿车已经有了小批量生产，并已进入汽车市场。电动货车，主要应用在矿山、工地及一些特殊场地。目前纯电动小客车也较少见，纯电动大客车用作公共汽车，在一些城市的公交线路以及在世博会、奥运会上已经有了良好的表现。

任务二　纯电动汽车的关键技术

❄ 一、电动机及控制技术

对于现代电动汽车而言，电动机驱动系统需要满足一些基本的要求：高功率密度和高瞬时输出功率；在电动汽车低速或者爬坡时，能提供低速大转矩输出，高速时能为巡航提供高速低转矩特性；具有宽调速范围，包括恒转矩区和恒功率区；转矩响应快速；在较宽的转速和转矩工作区内，保持较高能量效率；再生制动时，可实现高的能量回收效率；在各种工况下，具有高的可靠性；价格合理。

现在电动汽车采用的驱动电动机一般为感应电动机和永磁同步电动机。一般要求在制动时能够实现能源回收，即再生制动，再生制动有利于电动汽车的节能和延长行驶里程，同时也保留了常规的制动系统和 ABS 制动系统，以保证可靠的制动性能。其中永磁同步电动机具有较高的功率密度和效率以及宽广的调速范围，并且控制相对容易，发展前景十分广阔，在电动汽车驱动系统中占有重要位置。详细内容见项目二。

内置式永磁同步电动机不需要经电励磁转换便可以通过正弦交流电或脉宽调制方式使其运行，控制相对比较简单，与其他类型电动机相比具有环境适应性好、性能更加可靠，体积更小而且质量更轻，响应更快。内置式永磁同步电动机的输出特性曲线非常接近电动汽车驱动电动机理想特性曲线，如图 3.2 所示。内置式永磁同步电动机的设计理论正在不断完善和继续深入，该电动机结构灵活，设计自由度大，有望得到更高性能，适合用作电动汽车高效、高密度、宽调速牵引驱动。在车体有限的空间里，永磁电动机可以做到较高的功率密度且结构简单、工作稳定。

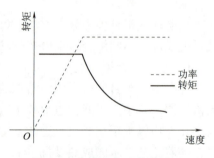

图 3.2　电动汽车驱动电动机
理想特性曲线

所以已有很多汽车生产厂商采用永磁同步电动机作为发展方向，如日本近年来大多采用永磁同步电动机，产品功率等级覆盖 3～123 kW，电动机恒功率范围很宽，最高转速可达基速的 5 倍。1996 年，丰田汽车公司的电动车 RAV4 就采用了东京电机公司的内置式永磁同步电动机作为驱动电动机，其下属的日本富士电子研究所研制的永磁同步电动机可以达到最大功率 50 kW，最高转速 13 000 r/min。1998 年 1 月，尼桑公司研发的新一代电动小客车在美国加利福尼亚州投入使用。驱动电动机采用了钕铁硼材料，电动机体积很小，额定功率为 40 kW，最高转速为 13 100 r/min。在法国 VEDELIC 电动车计划中，PSA 电动车动力传动系统生产商 Moteurs Leroy Somer 在 1997 年改进了驱动电动机，选择的新型驱动电动机即为三相永磁同步电动机，最大功率为 30 kW，最大转矩为 145 N·m。德国第三代奥迪混合电动车驱动电动机采用了永磁同步电动机，其最高转速为 12 500 r/min，最大输出功率为 32 kW。

我国永磁材料丰富，已开发出高剩磁密度和高矫顽力的永磁材料，所以永磁同步电动机已经成为我国发展电动汽车驱动电动机的最佳选择。随着永磁材料性能的提高和成本的降低，永磁同步电动机以其高效率、高功率因数和高功率密度等优点，正逐渐成为电动汽车驱动系统的主流电动机之一。

在纯电动汽车中，电动机是唯一的动力源，电动机及控制技术完全决定了车辆的性能。现在电动汽车上采用最多的电动机是感应电动机和永磁同步电动机，有两种控制技术可以用来控制它们。

1. 矢量控制技术

矢量控制技术的基本原理是通过测量和控制感应电动机定子电流矢量。根据磁场定向原理分别对感应电动机的励磁电流和转矩电流进行控制，从而达到控制感应电动机转矩的目的。具体是将感应电动机的定子电流矢量分解为产生磁场的电流分量（励磁电流）和产生转矩的电流分量（转矩电流）分别加以控制，并同时控制两分量间的幅值和相位，即控制定子电流矢量，所以这种控制方式称为矢量控制方式。

采用矢量控制方式的变频器不仅可在调速范围上与直流电动机相匹配，而且可以控制感应电动机准确产生转矩。但是矢量控制方式需要准确地被控感应电动机的参数，还需要位置和电流传感器，否则难以达到理想的控制效果。

2. 直接转矩控制

直接转矩控制的思想以转矩为中心来进行综合控制，不仅控制转矩，也用于磁链量的控制和磁链自控制。直接转矩控制与矢量控制的区别是，它不是通过控制电流、磁链等量间接控制转矩，而是把转矩直接作为被控量控制，其实质是用空间矢量的分析方法，以定子磁场定向方式，对定子磁链和电磁转矩进行直接控制的。这种方法不需要复杂的坐标变换，而是直接在电动机定子坐标上计算磁链的模和转矩的大小，并通过磁链和转矩的直接跟踪实现PWM脉宽调制和系统的高动态性能。

其中永磁同步电动机和矢量控制技术的组合在现代电动汽车中应用的最为普遍。前面章节对该控制技术已经做了描述，本节对尚存在的一些关键技术进行介绍。

1）参数辨识

在永磁同步电动机控制中，为了达到高精度的转速和转矩控制，就必须建立电动机的模型，基于 park 方程的 dq 轴等效模型被广泛采用，一般认为模型中的电感值为常量，即认为磁路是线性的。但在电动机的实际运行中，存在着严重的非线性效应，根据永磁同步电动机的转矩等式可以看出定子电流会随着负载的变化而变化，负载越大，定子电流也就越大，这时电动机的气隙磁场就会出现饱和。这个饱和的程度随着 dq 轴电流的变化而变化，电流越大饱和的越严重，如果不对该问题进行处理，将导致控制效果变差。图 3.3 和 3.4 所示为实际测得某电动机参数变化的情况。

2）无传感器控制

无传感器控制主要指无位置传感器，该技术可以提高电动机运行的可靠性，降低控制系统的成本，主要分为基波激磁估算法和高频信号成分法。

基波激磁估算法主要依赖于电动机的动态模型，主要包括反电动势估算法、磁链估算法、模型参考自适应估算法、扩展卡尔曼滤波器法以及状态观测器法。

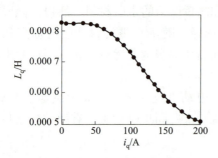

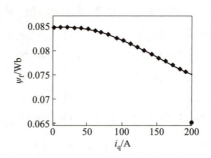

图3.3 交轴电感随交轴
电流的变化规律

图3.4 永磁体基波磁链随交轴
电流的变化规律

高频信号成分法是为了克服基波激磁估算法的不足而发展起来的一种无位置传感器控制方法。高频信号注入法就是利用电动机转子的空间凸极效应估算出转子的位置信息，主要应用在具有空间凸极性的内置式永磁同步电动机中。高频信号成分法所需的高频信号主要有注入的旋转高频信号、注入的脉动高频信号或逆变器 PWM 载波频率成分信号，由于该方法利用的是转子的空间凸极性，因此可以实现在电动机在低速甚至静止情况下的位置估计。

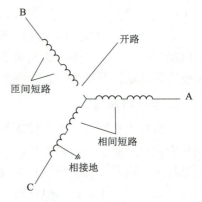

图3.5 定子绕组故障形式

3）故障诊断

电动机的故障诊断是为了尽早发现故障，以降低破坏程度，提高驾乘人员的安全系数。

电动机本身的故障包括定子绕组故障、永磁体故障和转子偏心等，定子绕组故障包括匝间短路、相间短路、相与外壳短路、某相开路等，如图3.5所示。

永磁体故障包括高温退磁，永磁体由于机械强度不足造成的损伤等；转子偏心包括静态偏心和动态偏心，如图3.6所示。

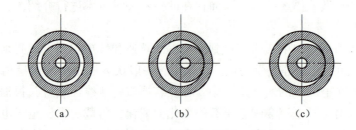

图3.6 转子偏心故障
（a）正常；（b）静态偏心；（c）动态偏心

✤ 二、电池管理系统及策略

在纯电动汽车使用中，为确保电池性能良好，延长电池使用寿命，必须对电池进行合理有效地管理和控制，使电池工作在合理的电压、电流、温度下。所以纯电动汽车动力电池的电池管理系统（Battery Management System，BMS）非常重要。电池管理系统对电池组的使用过程进行管理，对电池组中各单体电池的状态进行监控，可以维持电池组中单体电池的状态一致性，避免电池状态差异造成电池组性能的衰减和安全性问题。

电池管理系统主要包括数据采集、状态估计、热管理、安全管理、能量管理、故障诊断以及数据通信等功能。其中数据采集是其他功能的基础，需要采集电池的电压、电流、温度等。

电池作为动力点，必须串联使用才能达到电压要求，而多个电池串联使用一段时间后，电池内阻和电压产生波动，单体电池的状态差异会逐渐显现出来，不断循环的充放电过程加剧了单体电池之间的不一致性。电池成组后，大功率充放电时，电池组发热，在电池模块内形成一定的温度梯度，使各单体电池工作时环境温度不一致，将削弱单体电池间的一致性，降低电池组充放电能力。

此外，大规模储电系统中电池成本约占总成本的一半。串联成组的电池系统，只要其中一节失效，如不及时发现，整串电池都会跟着报废，甚至引起着火等严重安全事故。

电池管理系统存在几个关键的技术，包括 SOC 估计、热管理、电量均衡以及故障诊断等，其中 SOC 估计和热管理最为核心。

1. 电池 SOC 估计

电池荷电状态 SOC 估计的准确与否对于电池的使用具有很重要的意义，但是由于其内部的电化学反应过程极其复杂，同时对 SOC 估计的影响因素很多，较难实现，因此 SOC 的准确估计一直是制约电动汽车行业发展的瓶颈之一。到目前为止，SOC 的估算策略大体上有两类：一种是根据电池内部参数的变化，来推断其 SOC 的值；另一种是通过检测电池的外特性，例如充放电倍率、电压、温度、电流、电池寿命等参数，来推断 SOC 的值。虽然新的 SOC 估计方法不断出现，但电动汽车动力电池 SOC 的精确估计问题一直没有得到彻底解决。电动汽车的动力电池都是电池组，如何定义一致性不好的电池组的 SOC 仍然是一个问题，为了保持电池的安全性，普遍采用能力最差电池单体的 SOC 来定义电池组的 SOC。

目前比较常用的 SOC 估计方法有放电实验法、安培计量法、内阻法、负载电压法、开路电压法、神经网络法等，下面分别对这几种采用的方法进行简单的介绍。

1）放电实验法

放电实验法是最可靠的 SOC 估计方法，且适用于一切类型的电池，具体方法：在实验室中电池以恒定的电流进行连续放电，直到电池电量全部放出，电池的剩余电量就是放电电流与放电时间的乘积的累计值。该方式易操作且数据准确，同时还不受 SOH 的影响。但是它有两个显著的缺点：一是需要大量的试验时间；二是无法在线测量，进行实验时，电池不能正常的工作。

2）安培计量法

安培计量法本质上就是只考虑流进和流出的电池电量，而不考虑电池外部的电气特性和内部的结构，该方法适用于所有电池，是实际应用中最常用的估计方式。该方式的优点就是易操作，精度也可以，且可以在线测量，但是存在突出问题：①一旦电流的测量不准确，就会造成 SOC 计算误差，该误差通过积累变得越来越大，而无法消除；②对干扰比较敏感，在电流剧烈波动和高温状态下，误差较大。虽然电流的测量精度问题可以通过采用高精度的电流传感器来解决，但是成本会大量增加，在实际的应用中，经常把安培计量法与其他方式结合起来一起使用，从而达到更好的效果。

3）内阻法

内阻法是根据电池内阻与电池的电量存在一定的函数关系这一特点来估算电池 SOC 的大小，该方式一般用于放电后期的铅酸电池。一般来说，将电池的内阻分为交流内阻和直流内阻两类：①交流内阻可以看作一个复数变量，通常需要通过交流阻抗仪才可测量，很少用于实际应用中，通常以某一电池的交流内阻来表征，但是以点代面的方法很容易产生较大误差；②直流内阻的测量方式为，在很短一段时间内用电压和电流的变化率来表示，即所选测量时间的长短会对电池内阻产生影响，通常取的测量时间小于 10 ms。

4）负载电压法

在放电开始的瞬间，电池的电流保持不变，而电池的电压一下从开路转变为负载状态，根据负载电压和开路电压与电池 SOC 的变化规律相雷同这一特点，可以依据放电时刻的电流和电压来估算电池的 SOC 值。该方法的优点是在恒流放电时，能够实时估算出电池的 SOC 值，但是，在实际的应用中，电池的电压是剧烈波动的。因此该方法很少应用于实车上，常用作充放电结束的判据。

5）开路电压法

开路电压法是最简单的电池 SOC 估计方式，依据电池的开路电压与其 SOC 存在近似线性的关系这一特点，来判断电池内部的状态，具体的方法是：先将电池进行充分的静置，然后测量电池的开路电压值 OCV（Open Circuit Voltage），最后建立 SOC – OCV 的对应关系，从而根据测量到的电池开路电压来计算电池的 SOC 值。该方式在建立 SOC – OCV 的关系时，由于对测量的要求较为严格，要充分考虑温度变化、静置前的充放电特性等因素对 SOC – OCV 关系的影响，且电池的静置时间要适当，既要保证电池的电压得到充分的恢复，又不能因为时间过长受到自放电效应的影响。

由此可知，开路电压法虽然简单，但是电池需要很长的静置时间以达到电压稳定，这段时间至少几个小时，因此，这种方法不适于电动汽车的在线检测，只适用于驻车状态下，该方式一般用于估计电源系统的初始和终止时 SOC 值，通常与安培计量法一起使用，从而得到更好的估计效果。

6）神经网络法。电池是一个复杂的非线性系统，对其建立一个准确的数学模型是很难的，而神经网络具有模拟任何非线性系统的特点，因此利用神经网络法来估计 SOC，一直是研究的热点。

在电池 SOC 中常采用三层典型神经网络，输入、输出层的神经元个数由实际需要来确定，中间层神经元个数根据问题的复杂度和训练后的精度调整；利用神经网络对电池 SOC 进行估计，一般常以电压、电流、温度、内阻等作为输入，以 SOC 值作为输出，通常这种估计方法的精度高，但权值的确定需要大量的训练数据。

2. 电池组热管理

电池组热管理系统是从使用者角度出发的一套系统，作用是确保电池组工作在适宜的温度范围内。该系统包括电池箱、风机、传热介质、监测设备等部件。主要有五项功能：电池温度的准确测量和监控；电池组有效的散热和通风；低温条件下电池组的快速加热，使其能够正常工作；有害气体产生后的有效通风；电池组温度场的均匀分布。

电池组热管理系统设计过程中的关键技术包括：确定电池最优工作温度范围、电池热场计算及温度预测、传热介质选择、热管理系统散热结构设计和风机与测温点选择等。

确定电池最优工作温度范围：在不同的气候条件、不同的车辆运行条件下，电池组热管理系统要确保电池组在安全的温度范围内运行，并且尽量将电池组的工作温度保持在最优的工作温度范围之内。所以设计电池组热管理系统的前提是要知道电池组最优的工作温度范围，可以由电池制造者提供，也可以由电池使用者通过实验来确定。

电池热场计算及温度预测：电池不是热的良导体，仅掌握电池表面温度分布不能充分说明电池内部的热状态，通过数学模型计算电池内部的温度场，预测电池的热行为，对于设计电池组热管理系统是不可或缺的环节。

传热介质选择：传热介质的选择对热管理系统的性能有很大影响，传热介质要在设计热管理系统前确定。按照传热介质分类，热管理系统可分为空气冷却、液体冷却及相变材料冷却3种方式。空气冷却是最简单方式，只需让空气流过电池表面。液体冷却分为直接接触和非直接接触两种方式。矿物油可作为直接接触传热介质，水或者防冻液可作为典型的非直接接触传热介质。液体冷却必须通过水套等换热设施才能对电池进行冷却，这在一定程度上降低了换热效率。电池壁面和流体介质之间的换热率与流体流动的形态、流速、流体密度和流体热传导率等因素相关。

空气冷却方式的主要优点有：结构简单，质量相对较小；没有发生漏液的可能；有害气体产生时能有效通风；成本较低。其缺点在于其与电池壁面之间换热系数低和冷却、加热速度慢。

液体冷却方式的主要优点有：与电池壁面之间换热系数高，冷却、加热速度快；体积较小。主要缺点有：存在漏液的可能；质量相对较大；维修和保养复杂；需要水套、换热器等部件，结构相对复杂。

热管理系统散热结构设计：电池箱内电池模块之间的温度差异，会加剧电池内阻和容量的不一致性，如果长时间积累，会造成部分电池过充电或者过放电，进而影响电池的寿命与性能，并造成安全隐患。电池箱内电池模块的温度差异与电池组布置有很大关系，一般情况下，中间位置的电池容易积累热量，边缘的电池散热条件要好。

风机与测温点选择：在设计电池热管理系统时，希望选择的风机种类与功率、温度传感器的数量与测温点位置都恰到好处。

❄ 三、整车控制技术

整车控制系统的要求是根据驾驶员的操作和当前的整车及部件工作的状况，在能保证整车的统一协调和安全可靠满足动力性要求的前提下，以整车经济性能为目标，按照制定的控制策略选择尽可能优化的工作条件，控制能量的合理流动，以达到最佳经济性。与传统内燃机轿车相比，电动汽车的控制系统更复杂，包含了诸多的控制系统及控制部件。电动汽车需要利用总线网络对整车进行分层综合控制和管理。

实现电动车的高性能运行，需要对动力系统进行控制，使各个部件能够协调、高效地工作，这就是整车控制技术。它是整车控制系统的核心，负责整车动力输出、动力性能和能量管理，通过对采集、接收到的数据按预先设定后的规则进行处理，然后向各个 ECU（Electric Control Unit）发出控制指令，使其运行在预期的状态下，从而达到提高整车驾驶性能、优化能量利用的目的。整车控制技术对车辆驾驶动力性有重大影响，是纯电动车研究的重要内容。

整车控制功能分为集中式控制和分布式控制两种结构。

集中式控制系统由系统核心处理器完成对所有信号和能量数据的处理和分配工作，系统运行时，核心控制器接通数字或者模拟的方式直接接收所有需要用到的数据，然后根据控制策略对数据进行分析处理，再发出对各个单元执行机构的控制命令，集中控制系统具有处理集中、实施性强、响应快、成本低等优点，但存在布线和维护困难等缺点，现在汽车中已经基本不再采用。

分布式控制系统由核心控制器通过现场总线与各个电控制 ECU 通信，在系统运行过程中，各个电控单元 ECU 分别采集各自控制对象的反馈信号和动态信息，然后通过现场总线传递给核心控制器。核心控制器根据这些信息，进行控制策略的计算，然后将运算得到的执行指令通过现场总线发送给各个电控单元 ECU，各个 ECU 接收到指令后，根据被控对象的当前状态参数，再发出对被控对象的控制命令。分布式控制系统具有模块化、复杂度低和灵活配置等优点。现在纯电动车一般采用分布式控制系统，由 CAN 总线来实现对各个电控单元 ECU 的通信与控制。电动汽车整车控制系统是由整车控制器、通信系统、部件控制器以及驾驶员操纵系统构成的。以整车控制器为控制核心，通过 CAN 总线通信方式对其他控制部件及系统进行协调控制。整车控制系统结构如图 3.7 所示。

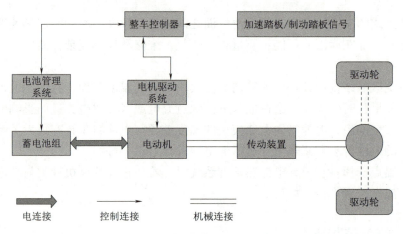

图 3.7　整车控制系统结构

纯电动车的动力控制系统可分为整车控制系统和两个子系统，两个子系统包括电驱动系统、动力电源系统。

整车控制系统由整车控制器、CAN 通信网络、加速踏板、制动踏板等组成；电驱动系统由电动机及其控制器、机械传动装置和驱动车轮组成；动力电源系统由蓄电池、电池管理系统组成。

整车控制器作为纯电动车最主要的控制器，负责整车的运行管理及对各个相关 ECU 电控单元的控制，它的基本功能有以下几个方面：

（1）驱动控制功能。加速踏板和制动踏板是纯电动车中最主要的输入信号，驾驶员通过对这两个踏板进行操作，将驾驶员内心的操作意图传递给车辆，然后电动车的动力电动机必须根据驾驶员的操作意图输出驱动力矩或是制动力矩。因此，整车控制器要采集踏板信息，解析出驾驶员的操作意图，并将其转化为对电动机的力矩输出需求，这一功能是整车控制器最基本、最重要的功能。

（2）制动能量回馈控制。纯电动车以电机作为唯一的动力输出源，电机除了有电动机的功能外，还具有发电机的功能，当驾驶员的意图是驱动车辆前行时，电机就当电动机使用，当驾驶员的意图是对车辆进行减速，电机就可以当发电机使用，利用电动车的制动能量发电，同时能量存储在储能装置中，当满足一定条件时，将能量反充给动力电池组。在这个过程中，整车控制器根据加速踏板和制动踏板的开度，以及当前车速和动力电池的荷电状态（State Of Charge，SOC）来判断某一时刻是否进行制动能量回收，如果可以，整车控制器向电机控制器发出相关指令，回收部分制动能量。

（3）整车能量优化管理。在纯电动车中，动力电池是提供能量的唯一来源，电池除了给动力驱动系统供电以外，还需要给其他车载电控单元提供能量。因此为了获得最大的车辆行驶里程，整车控制器将负责车辆的能量优化管理，以获得最佳的能量利用率。

（4）故障诊断与处理。连续监视整车电控系统，进行故障诊断。存储故障代码，供维修和例行检查时使用。根据故障内容，及时进行相应安全保护处理。对故障进行分级处理，对于一些小故障，能够维持车辆的最基本驾驶，保障车辆行驶到最近维修站进行维修。

整车控制器需要完成动力总成控制的同时，还需要管理其他附属部件，从各个环节上合理控制车辆的运行状态、能源的分配，各个部分工作协调，以达到发挥各部分的优势，汽车可靠运行的目的。同时车辆需要在满足驾驶员意图，汽车的动力性、平顺性和其他基本技术性能以及成本控制等要求的前提下选择合适的控制策略。针对各部件的特性及汽车的运行工况，控制策略要实现能量在电机、电池及电动附件之间的合理而有效分配，使整车系统效率达到最高，获得整车最大的经济性以及平稳的驾驶感觉。

任务三　纯电动汽车结构

一、纯电动汽车基本结构

纯电动汽车的结构布置各式各样，图3.8所示为纯电动汽车驱动系统的基本结构。该驱动系统主要由三个子系统组成，分别为电力驱动系统、电源系统和辅助系统。

电力驱动系统由车辆控制器、电力电子变换器、电机、机械传动装置和驱动轮组成。电力驱动系统中的车辆控制器根据来自加速踏板和制动踏板的信号，控制电力电子变换器进行工作，使由能源单元提供的直流电源变为适当的交流电源，从而按照驾驶员期望的输出转矩来驱动电机，再经过机械传动装置来驱动车轮，使车轮前进或后退。

电源系统包含能量管理单元、能量供给电源和能量单元。在纯电动汽车中，再生制动会导致反向功率流，这时能量管理单元与车辆控制器相配合，实现再生制动及其能量的回收；能量管理单元与能量供给单元一起控制能量的供给，并监视能源的使用情况。电源系统为整

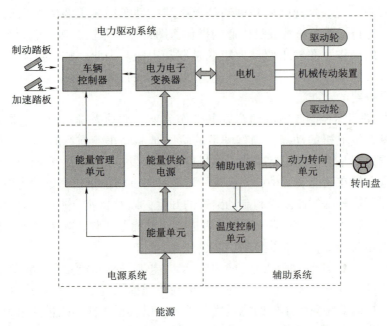

图 3.8　纯电动汽车驱动系统的基本结构

车所有系统提供电力供应。

辅助系统由辅助电源、动力转向单元、温度控制单元等部分组成。辅助电源为车辆中的辅助设备提供不同电压等级的所需电压。

二、纯电动汽车驱动系统布置形式

由于电动汽车电驱动和能源的多样性，导致存在各种可能的结构形式，如图 3.9 所示。

（1）在图 3.9（a）所示结构中，用电动机代替了传统车辆中的内燃机，离合器的作用是将电动机的动力连接到驱动轮或断开电动机与驱动轮的连接；变速器提供一组传动比，以变更转速功率曲线匹配载荷的需求；差速器是一种机械器件，它可以在车辆沿着弯曲的路径行驶时，让左右两侧车轮以不同的转速转动。

（2）在图 3.9（b）所示结构中，利用电动机输出转矩功率的特性，可以用固定挡的齿轮传动装置替代多速变速器，同时可以省去离合器，该结构可以降低机械传动装置的尺寸和质量，同时不需要变挡，可以简化驱动系统的控制。

（3）在图 3.9（c）所示结构中，把电动机、固定挡的传动装置和差速器直接装在驱动轴上，组成一个组合件，在该组合件的两侧分别连接驱动轮，整个系统得以进一步的简化和小型化。

（4）在图 3.9（d）所示结构中，机械差速器被两个牵引电动机所代替，两个电动机通过固定挡的传动装置独立地安装在两个驱动轮上，当车辆直线行驶时，控制两个电动机以相同的转速转动；当车辆沿弯曲路线行驶时，控制两个电动机以不同的转速转动。

（5）在图 3.9（e）所示结构中，牵引电动机安置在车轮内以进一步简化驱动系统，同时安装一个薄型行星齿轮组用于降低电动机转速并增大电动机转矩。

（6）在图3.9（f）所示结构中，通过完全舍弃电动机和驱动轮之间任何的机械传动装置，应用于轮式驱动的低速外转子型电动机可直接连接至驱动轮，此时电动机的转速等于轮速，但低速外转子电动机的体积、质量和成本较高。

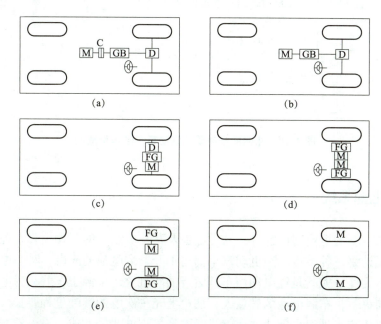

图3.9　纯电动汽车结构形式

C—离合器；D—差速器；GB—变速器；M—电动机；FG—固定挡齿轮传动装置

❋ 三、电力驱动系统

电力驱动系统是纯电动汽车的心脏，也是与内燃机汽车的根本区别之处，该系统包括电动机驱动装置、机械传动装置和车轮。而电动机驱动装置是驱动系统的核心，针对电动汽车设计的电动机驱动系统需要灵活有效地驱动车轮，电驱动最重要的部分就是电力电子变换器通过对它的控制，对电动机提高合适的驱动电压。

电力电子变换器要实现四类电能变换：交流 AC 到直流 DC 的整流变换，DC 到 DC 的直流变换，AC 到 AC 的交流变换，以及 DC 到 AC 的逆变变换。根据电力电子应用场合的不同，可以选择不同变换类型的变换器以及各种变换组合。电压型逆变器的主要功能是将输入 DC 直流电压转换为所需要的 AC 交流电压，在保证一定的功率容量的同时，获得满足需要的动态响应及输出控制精度，在电动机驱动等电力电子应用领域，电压型逆变器是十分关键的部分。

图3.10所示为永磁同步电动机驱动系统结构示意图，电池提供的直流电压通过 DC/AC 逆变器产生所需的交流电压驱动电动机，从而将电能转换为机械能。可以看到，电能完全经过逆变器流向电动机，对于较大功率等级的电动机驱动应用场合，逆变器的损耗也不可忽视。此外，通过对变流器的控制，还可以优化电动机的运行效率，改善电动机的输出性能。

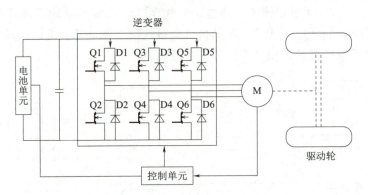

图 3.10　永磁同步电动机驱动系统结构示意图

四、电源系统

作为纯电动汽车的重要组成部分，动力电池及其充电技术的开发一直是纯电动汽车技术研究的重点，无论哪一种结构的纯电动汽车都离不开动力电池的充电，动力电池的应用都存在补充电能的必要性。尤其是纯电动汽车其运行的能量全部来源于车载动力电池。在满足车辆装载质量的前提下，车载电池的容量大，理论上充一次电的续驶里程要长一些，车载电池能量的补充主要依赖于外源来完成，也就是需要经过充电才能完成。充电质量的好与坏直接影响车载动力电池运行条件下的能量供给，储存和电池的使用寿命最终影响电动汽车的使用成本。纯电动汽车的充电是维持电动汽车运行的一种必备手段，纯电动汽车充电器总的可以分为两大类：车载充电器和非车载充电器。

车载充电器是指装在车辆上面，作为车辆的一个部件，主要用于应急情况。它连接外部的交流电，把交流电经过转换后为电动汽车电池组进行充电。由于受到车辆空间和负载的限制，车载充电器功率相对较小，一般在 3～5 kW。

非车载充电器是指装在地面，作为家用充电器或公共充电桩，一般采用单相或三相交流电，将交流电变成高质量稳定的直流电，根据电动汽车蓄电池组的要求，在充电控制器的管理下，安全自动地完成电动汽车的蓄电池组的充电。

五、辅助系统

1. 电控助力转向系统

对于轮式车辆，驾驶员通过一个专设的机构，使汽车转向桥上的车轮相对于汽车纵轴线偏转一定角度，这时路面作用于转向轮上的反作用力使汽车做转弯运动。当车辆直线行驶时，转向轮会受到路面侧向干扰力，使车辆产生自动偏转，从而干扰行驶方向，此时驾驶员通过利用这套机构使转向轮向相反的方向偏转，从而使汽车保持原来的行驶方向。改变或恢复汽车行驶方向的机构称为转向系统。

动力转向系统又可分为液压动力转向系统、电动助力转向系统和线控动力转向系统。

（1）液压动力转向系统，在该系统中，转向助力系统由液压驱动控制，只是液压泵不再是发动机驱动，而是由电控单元控制的直流无刷电动机驱动，它们根据转向系统需要向液压转向助力器提高压力油。该系统与发动机驱动系统相比，降低了油耗同时提高了车辆的操纵性。

（2）电动助力转向系统，它取消了传统的液压油泵、液压助力油缸、油管、液压油等部件，直接由电动机对转向系统助力，如图 3.11 所示，与传统液压动力转向系统相比，减少了结构的复杂性。

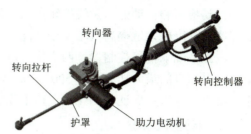

图 3.11 电动助力转向系统

电动助力转向系统的工作原理如下：首先，转矩传感器测出驾驶员施加在转向盘上的操纵力矩，车速传感器测出车辆当前的行驶速度，然后将这两个信号传递给 ECU；ECU 根据内置的控制策略，计算出理想的目标助力力矩，转化为电流指令给电动机；然后，电动机产生的助力力矩经减速机构放大作用在机械式转向系统上，和驾驶员的操纵力矩一起克服转向阻力矩，实现车辆的转向。

（3）线控电动转向系统，它与传统的转向系统相比，去掉了转向盘与车轮之间的机械连接，如图 3.12 所示。比传统的转向系统更节省安装空间，质量更轻，提高了布局的灵活性，通过控制算法可以实现智能化的车辆转向，保证车辆的操纵稳定性。

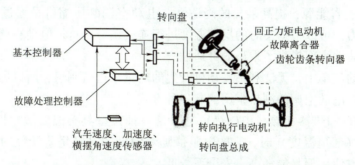

图 3.12 线控电动转向系统

转向盘总成包括转向盘、转向盘转角传感器、力矩传感器、转向盘回正力矩电动机。转向盘总成的主要功能是将驾驶员的转向意图（通过测量方向盘转角）转换成数字信号，并传递给主控制器；同时接收主控制器送来的力矩信号，产生转向盘回正力矩，以提供给驾驶员相应的路感信息。转向执行总成包括前轮转角传感器、转向执行电动机、转向电动机控制器和前轮转向组件等。转向执行总成的功能是接收主控制器的命令，通过转向电动机控制器控制转向车轮转动，实现驾驶员的转向意图。

主控制器对采集的信号进行分析处理，判别汽车的运动状态，向转向盘回正力矩电动机和转向执行电动机发送指令，控制两个电动机的工作，保证各种工况下都具有理想的车辆响应，以减少驾驶员对汽车转向特性随车速变化的补偿任务，减轻驾驶员负担。同时控制器还可以对驾驶员的操作指令进行识别，判定在当前状态下驾驶员的转向操作是否合理。当汽车处于非稳定状态或驾驶员发出错误指令时，线控转向系统会将驾驶员错误的转向操作屏蔽而自动进行稳定控制，使汽车尽快地恢复到稳定状态。

自动防故障系统是线控转向系统的重要模块，它包括一系列的监控和实施算法，针对不同的故障形式和故障等级做出相应的处理，以求最大限度地保持汽车的正常行驶。作为应用最广泛的交通工具之一，汽车的安全性是必须首先考虑的因素，是一切研究的基础，因而故障的自动检测和自动处理是线控转向系统最重要的组成系统之一。它采用严密的故障检测和处理逻辑，以更大地提高汽车安全性能。

电源系统承担着控制器、两个执行电动机以及其他车用电器的供电任务，其中仅前轮转角执行电动机的最大功率就有 500～800 W，加上汽车上的其他电子设备，电源的负担已经相当沉重。所以要保证电网在大负荷下稳定工作，电源的性能就显得十分重要。

2. 电动空调系统

汽车空调的功能就是把车厢内的温度、湿度、空气清洁度及空气流动性保持在使人感觉舒适的状态。在各种气候环境条件下，纯电动汽车车厢内应保持舒适状态，以提供舒适的驾驶和乘坐环境。

对于纯电动汽车来说，车上拥有高压直流电源，因此，采用电动热泵型空调系统，压缩机采用电动机直接驱动，成为纯电动汽车可行的解决方案。

电动空调有以下优点：

（1）提高车载空间的自由度。电动空调可以提高车载空间的自由度，甚至可以实现空调系统的模块化，有利于降低开发成本。

（2）效率高、省能源，提高乘员的舒适性。电动空调的压缩机是通过有变频器驱动的电动机提供的动力，可以根据实时的反馈温度进行连续调节。这样电动空调提高了制冷性能同时吹出的温度波动小，提高了乘员的舒适性。

由于在纯电动汽车中，无法利用发动机产生的热量来进行制热，所以需要通过别的途径来达到这一目的。电动空调的制热常用的有三种方式：

（1）采用 PTC 加热器加热。PTC 热敏电阻是一种典型具有温度敏感性的半导体电阻，超过一定的温度（居里温度）时，它的电阻值随着温度的升高呈阶跃性的增高。该加热方式成本低、安装方便，但是能耗高、安全系数低。

（2）采用电动机冷却液余热，同时 PTC 辅助加热。该方式下由电动机的冷却液为主要的热量来源，不足部分由 PTC 加热器来提供，因此能耗比纯 PTC 加热低。

（3）热泵型空调系统。热泵型空调系统是在原有燃油汽车上进行改进的，压缩机是由永磁直流无刷电动机直接驱动，热泵系统的工作原理如图 3.13 所示。该系统与普通的热泵空调系统并无本质区别，由于在电动车上使用，压缩机等主要部件有其特殊性。而且国外热泵技术具备了一定的基础，该技术最大的优点就是制冷、制热效率高，相关企业开发的全封闭电动涡旋压缩机，是由一个直流无刷电动机驱动，通过制冷剂回气冷却，具有噪声低、振动小、结构紧凑、质量轻等优点。

3. 电动制动器

电动制动器施加在制动摩擦片上的作用力不是通过液压油或空气压力实现的，而是通过采用力矩电动机驱动滚珠丝杠（见图 3.14）或者电动机的输出经过减速齿轮后（见图 3.15）加在制动盘上。

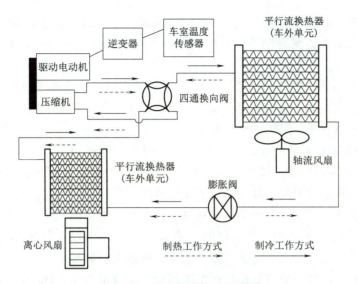

图 3.13　热泵系统的工作原理

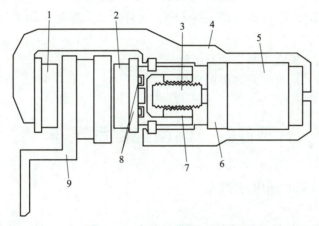

图 3.14　电动制动器（丝杠）

1, 2—制动片；3—丝杠；4—钳体；5—力矩电动机；6—减速器；7—螺母；8—限位器；9—制动盘

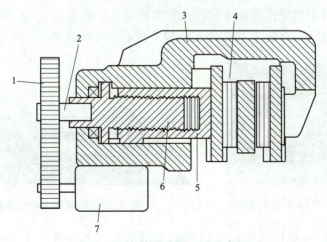

图 3.15　电动制动器（减速齿轮）

1—减速齿轮；2—输出轴；3—钳体；4—制动片；5—螺母；6—螺杆；7—电动机

电动制动器是以电能作为能量来源，由中心控制模块控制，由电动机经过传动装置产生促动动力驱动制动钳，实现制动功能的全新制动系统，与传统制动系统相比，它具有以下优点：

（1）电动制动器采用电线传递能量、数据线传递信号，完全摒弃了原有的液压管路等部件，而且无真空助力器，结构简单、质量轻、体积小，便于发动机舱其他部件的布置，也有利于减轻整车质量和整车结构的设计与布置。

（2）电动制动器采用了电控，易于并入车辆综合控制网络中，并且可以同实现 ABS、TCS、ESP、ACC 等多种功能，这些电子装备的传感器、控制单元等部件可以与电动制动器共用，而无须增加其他的附加装置。避免了像传统制动系统那样，在制动系统线路上安装大量的电磁阀和传感器，使制动系统结构更加复杂，也增加了液压回路泄漏的隐患。

（3）在传统的制动系统中，踏板至制动主缸的机械结构以及气压/液压系统的固有特性，使制动反应时间长、动态响应速度慢。制动力由零增长到最大需要 0.2 ~ 0.9 s，而且当需要较小的制动力时，动态响应更慢。而电动制动系统就不存在这样的问题，电动制动系统以踏板模拟器代替了传统的机械踏板传力装置，中心控制单元接收踏板模拟器传来的电信号，判断驾驶员的意图，产生相应的控制命令，这样便大大缩短了制动反应时间，而且改善了制动时的脚感。

（4）传动效率高、安全可靠，而且节能。

（5）无须制动液，降低了对环境的污染。

任务四　典型纯电动汽车

一、日产 Leaf 纯电动汽车

2009 年 9 月，日产汽车公司发布纯电动汽车 Leaf（见图 3.16），2010 年底在日本、美国及欧洲上市，2011 年进入中国市场销售。它采用以现款日产骐达车型为基础开发的新一代电动汽车平台，具有电动汽车特殊设计的底盘布局（见图 3.17），采用锂离子电池驱动电动机，续驶里程超过了 160 km，可以满足一般消费者的驾车需求。

图 3.16　日产 Leaf 纯电动汽车

图 3.17　Leaf 的电动化底盘

日产 Leaf 电动汽车采用传统的五门掀背车型结构，充分考虑空气动力学因素，车身前端的 V 形设计使前保险杠与风窗玻璃平滑地融为一体，能有效地减小风阻。富有未来科技感的前照灯竖直凸出向后延伸设计，能够分散导向两侧后视镜的气流，以达到降低风噪和风阻的目的。另外，日产Leaf的前照灯采用了用电量仅为普通车灯10%的LED节能车灯，灯组内部还采用了蓝色内发光效果，以显示与众不同。Leaf的车侧采取圆滑流畅的腰线设计，营造出向后上扬的线条。车尾则以垂直的长条状尾灯作为视觉重点，无排气尾管和"零排放"的铭牌则显示出纯电动汽车的独特身份。整体上看，日产Leaf电动车在车身外廓上还保留有骐达汽车的影子，但是重新设计后的造型元素使其更具未来的科技感。

Leaf电动汽车采用的薄型锂离子蓄电池模块由日产与NEC合资AESC汽车能源公司提供。在完全充满电的情况下，日产Leaf电动汽车最长续驶里程可以达160 km，这一续驶能力已经可以满足70%消费者每日的驾驶里程所需。另外，日产Leaf电动汽车搭载输出功率为80 kW、最大转矩280 N·m的电动机，最高车速为140 km/h。日产声称Leaf电动汽车的加速性能可以与英菲尼迪G35媲美，当然电动机低速高转矩的动力输出特性造就了电动汽车潜力相当强大的加速性能。

日本Leaf电动汽车的仪表台（见图3.18）采用蓝色背光，搭配轻柔的内饰色调营造令人舒适的车内氛围。日产Leaf电动汽车采用双层式仪表板设计，分别显示车速和电力系统状态。日产汽车公司将其在车用IT技术方面的成果率先用在Leaf电动汽车上，此次匹配的EV-IT系统能与全球数据中心进行联机，24 h全天候提供信息支持和车上娱乐功能。车主能以手机遥控预先开启车内的空调系统。同时，充电功能也能以手机进行设定，车上信息系统也备有定时功能，车主可自行规划车辆的充电时间，以随时备足充裕电力进行驾驶。该信息系统还能显示车辆附近的充电站，以方便送行充电服务。此外，利用中央控制仪表台的卫星导航系统也能显示以目前剩余电力所能驶及的可达范围。

图3.18　日产Leaf电动汽车的仪表台

为了提升电动汽车的实用性，日产Leaf电动汽车提供两种充电插槽和两种充电方式。其中，快速充电插槽可在30 min内充电80%；利用一般家庭220 V电源进行充电，则需约8 h完成充电。

🌼 二、比亚迪 e6 纯电动汽车

比亚迪 e6 是比亚迪公司自主研发的一款纯电动汽车，它兼容了 SUV 和 MPV 的设计理念，是一款性能良好的跨界车。它的续驶里程超过了 300 km，为同类车型之冠。e6 是环保的先行者，其装备的动力电池和起动电池均采用比亚迪公司自主生产的铁蓄电池，不会对环境造成任何伤害。其含有的化学物质均可在自然界中被环境以无害的方式分解吸收，能够很好地解决二次回收等环保问题，是绿色环保的电池。该电池慢充电采用 220 V 民用电源；快充电采用 3C 充电，15 min 左右可充满电池容量的 80%。在节能方面，它百公里能耗为 20 kW·h 左右，只相当于燃油车 1/3 甚至 1/4 的消费价格；在安全方面，车上搭载的铁蓄电池经过高温、高压、撞击等试验测试，安全性能非常好，绝不会爆炸；车身结构采用前后贯通的纵梁式，具有良好的防碰撞等安全性能；在动力方面，它的加速时间在 10 s 以内，最高车速可达 160 km/h 以上，动力性能强劲。比亚迪 e6 纯电动汽车的外形如图 3.19 所示。

图 3.19　比亚迪 e6 纯电动汽车的外形

🌼 三、中通纯电动客车

中通纯电动客车是采用成熟的纯电动动力系统和电池管理系统，与中通"梦幻"全承载超豪华商务客车集成而成的。

该车采用三套 CAN 网络通信系统，实时跟踪监测车辆动态行驶特性、单体电池特性和高压电器特性，极大地提高了整车的安全性和可靠性。整车采用 540 A·h 的大功率锂离子动力电池，可实现 250 km 以上的续驶里程；每千米耗电量仅 1 kW·h 左右，与同级别燃油客车相比具有节能 100% 以上的效果，节能效果非常显著，而且实现了"零排放"。中通纯电动客车的外形如图 3.20 所示。

图 3.20　中通纯电动客车的外形

1. 纯电动汽车的布置形式有哪些种类？
2. 纯电动汽车主要由哪几部分组成，它们分别是什么？
3. 电池热管理包含哪些内容？
4. 电动助力转向系统有哪几类？它们主要由哪些部件组成？有什么优缺点？

项目四
混合动力汽车

学习目标

通过本项目的学习，学生能够了解混合动力汽车的历史和发展现状，掌握混合动力电动汽车的类型、结构及原理，了解混合动力电动汽车的关键部件，并通过典型车型认知，理解混合动力汽车的工作模式。

学习引入

传统内燃机车辆具有良好的动力性，但是对环境造成了一定的污染，纯电动汽车具有零污染的特点，但其续驶里程较短。因此，混合动力汽车同时利用了内燃机和电能两种能量源，具有内燃机车和纯电动车两者的优点，并克服了它们的缺点。因此，凭借其特有的优势和成熟的技术，成为目前最具有节能潜力和市场前景的车型之一。

任务一　混合动力汽车概述

混合动力汽车并不是一个新概念。自 1881 年首辆纯电动汽车问世、1896 年内燃机汽车诞生以来，伴随着人们对汽车综合性能提高的不断追求，在 1894 年就出现了第一辆混合动力汽车。混合动力汽车出现的原因是当初单一的纯电动汽车（续驶里程短和动力电池性能差）、单一的内燃机汽车（内燃机功率小、使用不方便）均存在技术弱点，不过，随着内燃机技术的进步和汽车的流水线批量生产，混合动力汽车遭遇了与纯电动汽车相同的命运，逐渐没落，直至 20 世纪 90 年代因为解决环境和能源问题的需要才重新引起重视，并取得了明显的技术进步。

混合动力汽车有油电混合、气电混合、电电混合等多种不同的形式，即使对应其中的一种混合形式，由于动力传动系统组成的不同，仍存在多种结构。在详细分析各种结构的定义、特点和工作原理之前，给出以下几个基本概念：

动力传动系统是汽车上用于储存、转换和传递能量并使汽车获得运动能力的所有部件的总称，具体包括车载能量源、动力装置、传动系统和其他辅助系统四部分。

（1）车载能量源。车载能量源是用于能量储存或进行能量的初始转换以向动力装置直接供能的所有部件的总称，它由能量直接储存装置或能量储存、调节和转换装置组成。例如，对于传统内燃机汽车，车载能量为燃油箱（能量直接储存）；对于燃料电池电动汽车，车载能量源由氢气罐或储氢金属（能量储存）和燃料电池堆（能量转换）两部分组成。

（2）动力装置。动力装置是用于把其他形式的能量转化为机械能（旋转动能）的装置，并直接作为传动系统的输入，如常规汽车上的内燃机、纯电动汽车上的电机等。

（3）传动系统。传动系统是用于调节和传递动力装置输出的动力，使之与汽车行驶时驱动轮处要求的理想动力达到较好匹配的所有部件的总称，它具有减速、变速、倒车、中断动力、轮间差速和轴间差速等功能。传动系统与动力装置配合工作，能保证汽车在各种工况条件下正常行驶，并具有良好的动力性和经济性。传动系统一般由离合器、变速器、万向传动装置、主减速器、差速器和半轴等组成。

（4）辅助系统。辅助系统是用于从动力装置中获取动力，区别于直接驱动车辆，主要用于维持汽车良好的操控特性、舒适性等的所有部件的总称，如转向助力系统、制动助力系统、空调系统（动力装置直接拖动）、辅助电气系统（12 V/24 V 发电机系统）等。

基于上述给出的基本概念，汽车动力传动系统可抽象为图4.1所示的简化模型。

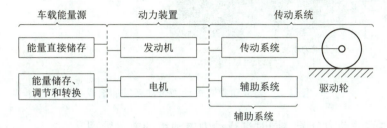

图4.1 汽车动力传动系统简化模型

具体到常规汽车和纯电动汽车，汽车动力传动系统的基本组成如表4.1所示。

表4.1 汽车动力传动系统的基本组成

组成要素	纯电动汽车	常规汽车
能量补给方式	从电网充电	从加油站加油
车载能量源	动力电池组	汽（柴）油箱
动力装置	电机	发动机
传动系统	变速器等	离合器、变速器、传动轴、差速器等
辅助系统	车身电器、低压供电、整车控制、制动/空调/转向等	车身电器、低压供电、整车控制、制动/空调/转向等

基于图4.1建立的汽车动力传动系统的简化模型，对混合动力汽车的概念重新定义如下：混合动力汽车是指汽车动力传动系统由两个或多个能同时运转的单个动力传动系统联合组成的汽车。汽车的行驶功率依据实际的汽车行驶状态由单个动力传动系统单独或多个动力系统共同提供，如图4.2所示。

相比于常规的内燃机汽车和纯电动汽车，图4.2所示的混合动力汽车动力传动系统增加了整车能量管理和综合控制系统。其主要作用是以优化发动机的工作效率为目标，协调发动

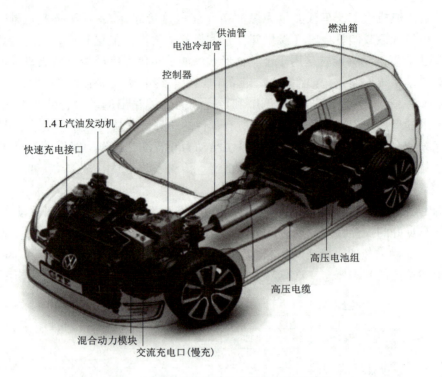

供油管
电池冷却管
控制器
燃油箱
1.4 L汽油发动机
快速充电接口
高压电池组
高压电缆
混合动力模块
交流充电口(慢充)

图 4.2　混合动力汽车动力传动系统的组成

机和驱动电机之间的动力分配，同时进行动力电池组的电量管理。

　　依据组成混合动力汽车的两个或多个能同时运转的单个动力传动系统之间动力联合位置的不同，混合动力汽车分为串联、并联和混联三种基本类型。

✼ 一、串联混合动力汽车的概念

　　串联混合动力汽车是混合动力汽车的一种基本结构，其单个动力传动系统间的联合是车载能量源环节的联合，即非直接用于驱动汽车的能量的联合，并同时向动力装置供能。典型串联混合动力汽车动力传动系统的组成如图4.3所示。

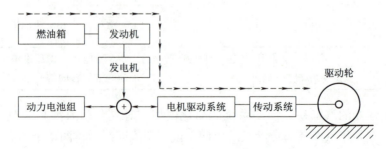

燃油箱　发动机
发电机
动力电池组　＋　电机驱动系统　传动系统　驱动轮

图 4.3　典型串联混合动力汽车动力传动系统的组成

　　串联混合动力汽车具有以下特点：

（1）车载能量源环节的混合。

（2）单一的动力装置。

（3）车载能量源由两个以上的能量联合组成。

如图4.3所示，燃油箱、发动机、发电机与动力电池组共同组成车载能量源，共同向驱动电机提供电能，驱动电机和传动系统组成单一的电驱动系统。

串联混合动力汽车实现了车载能量源的多样化，可充分发挥各种能量源的优势，并通过适当的控制实现它们的最佳组合，满足汽车行驶的各种特殊要求。例如，采用发动机－发电机和动力电池组两种车载能量源的串联混合动力汽车，即可满足汽车一定的零排放行驶里程，同时通过发动机－发电机的工作为动力电池组进行补充充电，延长了汽车的有效行驶里程，为实现纯电动汽车的实用化提供了解决方案。

✳ 二、并联混合动力汽车的概念

并联混合动力汽车是混合动力汽车的一种基本结构，其单个动力传动系统间的联合是汽车动力或传动系统环节的联合，通过对不同动力装置输出的驱动动能的联合或耦合，并经过相应的传动系统输出到驱动轮，满足汽车的行驶要求。典型并联混合动力汽车动力传动系统的组成如图4.4所示。

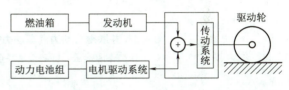

图4.4　典型并联混合动力汽车动力传动系统的组成

并联混合动力汽车具有以下特点：

（1）机械动能的混合。

（2）具有两个或多个动力装置。

（3）每一个动力装置都有自己单独的车载能量源。

如图4.4所示，发动机和电机驱动系统输出的机械动能经过动力耦合后输出到传动系统驱动汽车行驶，发动机具有自己独立的车载能量源——燃油箱，电机驱动系统具有自己独立的车载能量源——动力电池组。

依据动力耦合方式的不同，并联混合动力汽车具有单轴联合式、双轴联合式和驱动力联合式三种布置方案，具体如图4.5所示。单轴联合式机械动力的耦合是在动力装置输出轴处完成的，传动系统的输入为单轴。其结构示意如图4.5（a）所示，实际应用如图4.6所示。发电机的输出轴通过离合器与电机的转子轴直接相连，而动力电池组通过控制器的调节作用于电机定子，实现了发动机与电机输出转矩的叠加。单轴联合式实现了把不同动力装置的机械动力输出一体化、结构紧凑，但电机要经过特殊设计。

双轴联合式机械动力的耦合是在传动系统的某个环节中完成的，通常将位于传动系统中的这种耦合部件称为动力耦合装置。它具有两个或多个输入轴，而输出轴仅有一根并直接与驱动轴相连，其结构如图4.5（b）所示。双轴联合式只是把不同的动力装置的输出进行动力合成，因此系统元件可选用已有的现成产品，开发成本较低。

驱动力联合式机械动力的混合是在汽车驱动轮处通过路面实现的，其结构示意图如图4.5（c）所示。由于具有两套独立的动力传动系统直接驱动汽车，因此在充分利用地面附着力方面驱动联合式具有优势，通过合理控制，可大大改善汽车的动力性能，但系统组成比较庞大、控制复杂。

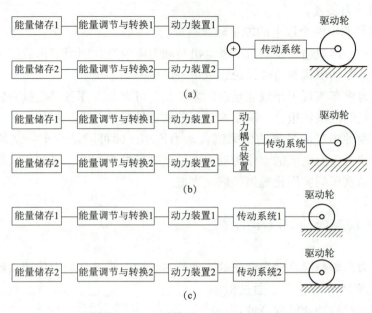

图4.5　并联混合动力汽车动力传动系统的三种基本类型
（a）单轴联合式；（b）双轴联合式；（c）驱动力联合式

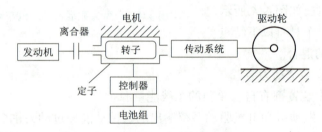

图4.6　单轴联合式并联混合动力汽车

三、混联混合动力汽车的概念

为优化动力传动系统的综合效率，充分发挥汽车的节能、低排放潜力，在实际应用中，混合动力汽车动力传动系统并非单纯最简单的串联式结构或并联结构，而是由串联式结构和并联式结构复合组成的串/并联综合式结构，即所谓的混联式结构。典型的混联混合动力汽车动力传动系统如图4.7所示。

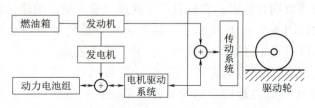

图4.7　典型的混联混合动力汽车动力传动系统

在图 4.7 中，混联混合动力汽车动力传动系统具有两个电机系统，即发电机和电机驱动系统，兼备了串联混合动力汽车载能量源的混合以及并联混合动力机械动能的混合，在实际应用中主要有两种方案，即开关式和功率分流式，分别如图 4.8 和图 4.9 所示。

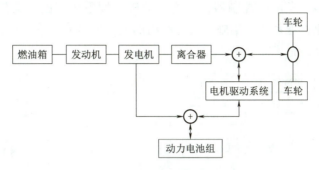

图 4.8　开关式混联混合动力汽车

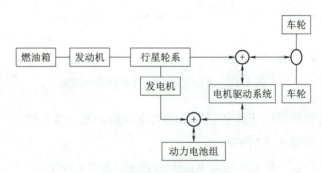

图 4.9　功率分流式混联混合动力汽车

在图 4.8 中，离合器起到了串联结构和并联结构的切换作用，若离合器打开，则该混合动力传动系统即为简单的串联式结构；若离合器接合且发电机不工作，则该混合动力传动系统即为简单的并联式结构；若离合器接合且发电机工作于发电模式，则该混合动力传动系统即为复杂的混联式结构。

在图 4.9 中，巧妙地利用了行星轮系功率分流以及 3 个自由度的特点，发动机、发电机以及驱动轴分别与行星轮系的 3 根轴相连。在正常工作时，发动机的输出动力自动分流为两部分：一部分直接输出到驱动轴，与电机驱动系统输出的动力联合组成并联式结构；一部分输出到发动机，发动机发出的电能与动力电池组组成串联式结构。

任务二　混合动力汽车的结构与原理

❋ 一、串联混合动力汽车的结构与原理

串联混合动力汽车的结构简图如图 4.10 所示，汽车由电动机 – 发电机驱动行驶，电机控制器的供电来自发动机 – 发电机 – 发电机控制器（以下简称发动机 – 发电机组）与动力电池组成的串联式结构。整车综合控制器、电机控制器、发动机控制器、发电机控制器、电

池管理系统等通过通信线缆连接组成整车控制系统，依据控制系统的状态信息以及驾驶员操控指令、车速等整车反馈信息，由整车控制器实施预定的控制策略，并输出指令到电机控制器，实施电动机－发电机的电动（驱动汽车行驶）、发电（再生制动能量回收）控制，输出指令到发动机控制器、发电机控制器，实施发动机－发电机组的开关控制以及输出功率控制，输出指令到电池管理系统，实施动力电池组的充、放电能量管理。

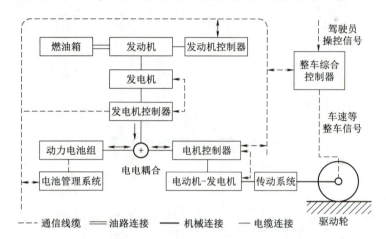

图 4.10　串联混合动力汽车的结构简图

依据发动机－发电机组的工作状态以及动力电池组的充、放电状态，串联混合动力汽车具有七种工作模式，如表 4.2 所示。

表 4.2　串联混合动力汽车的工作模式列表

工作模式	发动机－发电机组	动力电池组	电动机－发电机	整车状态
纯电池组驱动	关机	放电	电动	驱动
再生制动充电	关机	充电	发电	制动
混合动力驱动	发电	放电	电动	驱动
强制补充充电	发电	充电	电动	驱动
混合补充充电	发电	充电	发电	制动
纯发动机驱动	发电	既不充电也不放电	电动	驱动
停车补充充电	发电	充电	停机	停车

各种工作模式的具体说明如下：

（1）当动力电池组具有较高的电量且动力电池组输出功率满足整车行驶功率需求时，串联混合动力汽车以纯电池组驱动模式工作，此时发动机－发电机组处于关机状态。

（2）当汽车以纯电池组驱动行驶时，若汽车减速制动，则电动机－发电机工作于再生制动状态，汽车制动能量通过再生发电回收到动力电池组中，即工作于再生制动充电模式。

（3）当汽车加速或爬坡需要更大的功率输出且超出了动力电池组的输出功率限制时，发动机－发电机组起动发电，并同动力电池组一起输出电功率，实施混合动力驱动工作模式。

（4）当动力电池组的电量不足且发动机－发电机组输出功率在驱动车辆的同时有剩余时，实施动力电池组强制补充充电工作模式。

（5）当动力电池组的电量不足且发动机－发电机组处于发电状态时，若汽车减速制动，则电动机－发电机工作于再生制动状态，汽车制动能量通过再生发电与发动机－发电机组输出功率一起为动力电池组充电，实施动力电池组的混合补充充电。

（6）当动力电池组的电量在目标范围内，一旦发动机－发电机组输出功率满足汽车行驶功率需求时，为提高串联混合动力系统的能量利用效率，采用纯发动机驱动工作模式，此时发动机－发电机组输出功率与汽车行驶功率需求相等。

（7）若动力电池组的电量过低，则为保证整车行驶的综合性能，需要对动力电池组进行停车补充充电，此时发动机－发电机组输出的功率全部用于为动力电池组进行补充充电。

✳ 二、并联混合动力汽车的结构与原理

并联混合动力汽车的结构简图如图 4.11 所示。

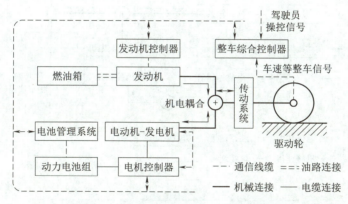

图 4.11　并联混合动力汽车的结构简图

汽车的行驶动力由发动机、电动机－发电机通过机电耦合装置单独或联合提供。整车综合控制器、电机控制器、发动机控制器和电池管理系统等通过通信线缆连接组成整车控制系统，依据控制系统的状态信息以及驾驶员操控信号、车速等整车反馈信息，由整车控制器实施既定的控制策略，并输出指令到电机控制器，实施电动机－发电机的电动（驱动汽车行驶）、发电（再生制动能量回收）控制，输出指令到发动机控制器，实施发动机的开关控制以及输出功率控制，输出指令到电池管理系统，实施动力电池组的充、放电能量管理。

依据发动机、电动机－发电机的工作状态以及动力电池组的充、放电状态，并联混合动力汽车具有六种工作模式，如表 4.3 所示。

表 4.3　并联混合动力汽车的工作模式列表

工作模式	发动机	动力电池组	电动机－发电机	整车状态
纯电机驱动	关机	放电	电动	驱动

续表

工作模式	发动机	动力电池组	电动机-发电机	整车状态
再生制动充电	关机	充电	发电	制动
混合动力驱动	机械动力输出	放电	电动	驱动
强制补充充电	机械动力输出	充电	发电	驱动
纯发动机驱动	机械动力输出	既不充电也不放电	不工作	驱动
停车补充充电	机械动力输出	充电	发电	停车

❋ 三、混联混合动力汽车的结构与原理

以功率分流式混联混合动力汽车为例，其结构简图如图4.12所示。

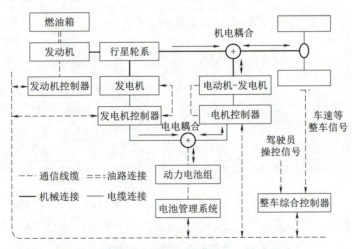

图 4.12 功率分流式混联混合动力汽车的结构简图

混联混合动力汽车同时具备了并联混合动力汽车机电耦合以及串联混合动力汽车电电耦合的特点。汽车的行驶动力由发动机、电动机-发电机通过机电耦合装置单独或联合提供。电机控制器的供电来自发动机、发电机组与动力电池组组成的串联式结构。整车综合控制器、电机控制器、发动机控制器、发电机控制器和电池管理系统等通过通信线缆连接组成整车控制系统，依据控制系统的状态信息以及驾驶员操控信号、车速等整车反馈信息，由整车控制器实施既定的控制策略，并输出指令到电机控制器，实施电动机-发电机的电动（驱动汽车行驶）、发电（再生制动能量回收）控制；输出指令到发动机控制器，实施发动机的开关控制以及输出功率控制；输出指令到发电机控制器，实施发电机的工作状态控制（工作转速或发电功率）；输出指令到电池管理系统，实施动力电池组的充、放电能量管理。

依据发动机、发电机、电动机-发电机的工作状态以及动力电池组的充、放电状态，混联混合动力汽车具有五种工作模式，如表4.4所示。

表 4.4　混联混合动力汽车的工作模式列表

工作模式	发动机	发电机	动力电池组	电动机－发电机	整车状态
纯电动机驱动	关机	关机	放电	电动	驱动
再生制动充电	关机	关机	充电	发电	制动
纯发动机驱动	起动	发电	既不充电也不放电	电动	驱动
混合动力驱动	起动	发电	放电	电动	驱动
强制补充充电	起动	发电	充电	电动	驱动

各种工作模式的具体说明如下：

（1）当动力电池组具有较高的电量且动力电池组输出功率满足整车行驶功率需求或整车需求功率较小时，为避免发动机工作于低负荷和低效率区，混联混合动力汽车以纯电动机驱动模式工作，此时发动机处于关机状态。

（2）当汽车以纯电动机驱动行驶时，若汽车减速制动，则电动机－发电机工作于再生制动状态，汽车制动能量通过再生发电回收到动力电池组中，即工作于再生制动充电模式。

（3）当汽车需求功率增加或动力电池组电量偏低时，发动机起动工作，若发动机输出功率满足汽车行驶功率且动力电池组不需要充电，则整车以纯发动机驱动模式工作，此时动力电池组既不充电也不放电，发动机输出的功率分为两部分，一部分直接输出到驱动轮，另一部分经过发电机、电动机转换后输出到驱动轮。

（4）当汽车急加速需要更大的功率输出时，整车以混合动力驱动模式工作，此时发动机工作，动力电池组放电，发动机输出的功率分为两部分，一部分直接输出到驱动轮，另一部分经过发电机、电动机转换后输出到驱动轮。另外，动力电池组放电输出额外的电功率到电机控制器，使电动机输出更大的功率，满足汽车总功率需求。

（5）当动力电池组的电量不足且发动机输出功率在驱动汽车的同时有剩余时，实施动力电池组强制补充充电工作模式。此时，发动机工作，发动机输出的功率分三部分，一部分直接输出到驱动轮，一部分经过发电机、电动机转换后输出到驱动轮，一部分经发电机后为动力电池组进行充电。

图 4.13 所示为丰田普锐斯混联混合动力汽车几种典型的工作模式。

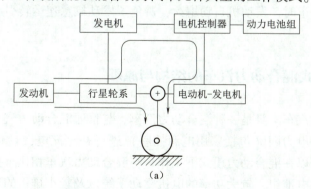

图 4.13　丰田普锐斯混联混合动力汽车几种典型的工作模式

（a）纯电动机驱动模式

项目四　混合动力汽车

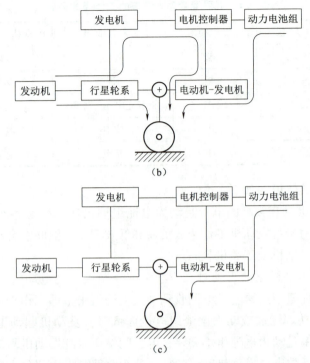

图4.13　丰田普锐斯混联混合动力汽车几种典型的工作模式（续）
（b）混合动力驱动模式；（c）再生制动充电模式

　　对于丰田普锐斯混联混合动力汽车，汽车以纯发动机驱动模式起步，当汽车需求功率达到发动机起动门限时，发动机起动，汽车进入正常工作模式，如图4.13（a）所示。发动机输出动力经过行星轮系分成两条路径：一条为驱动发电机发电，产生的电功率直接输出到电动机－发电机，电动机－发电机运转并驱动车轮；另一条直接驱动车轮。整车综合控制器自动对两条路径的动力进行最佳分配，以最大限度地优化系统效率。当汽车高速行驶需要较高动力输出时，动力电池组进行放电，额外增大了电动机－发电机的输出功率，整车获得的功率为发动机输出功率与动力电池组放电功率之和，如图4.13（b）所示。当汽车减速制动时，混合动力系统自动实施再生制动能量回收，如图4.13（c）所示。当汽车遇到红绿灯停车时，发动机自动熄火，避免了发动机怠速运转引起的不必要的油耗和污染物排放。

❋ 四、插电式混合动力汽车的结构与原理

　　插电式混合动力汽车本身是一种混合动力汽车，与普通混合动力汽车不同的是其车载的动力电池组可以利用电力网（包括家用电源插座）进行补充充电，具有较长的纯电动行驶里程，必要时仍然可以在混合动力模式下工作。与混合动力汽车相比，插电式混合动力汽车具有较大容量的动力电池组、较大功率的电机驱动系统以及较小排量的发动机。为满足纯电动行驶的需要，插电式混合动力汽车的辅助系统均为电动化的辅助系统，如电动助力转向、电动真空助力、电动空调等，而且还额外增加了车载充电器。图4.14所示为插电式混合动

力汽车的结构简图。

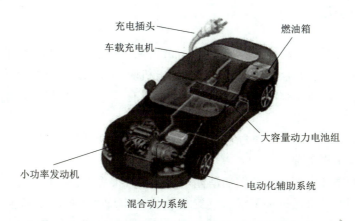

图4.14　插电式混合动力汽车的结构简图

插电式混合动力汽车的工作原理为：当动力电池组通过电力网充满电后，汽车优先以纯电池组驱动模式工作；直至动力电池组电量达到纯电池组驱动模式工作的下限时，发动机起动，整车自动切入常规混合动力汽车控制模式，动力电池组在满足混合动力行驶功率需求的前提下，维持在一个较低的电量状态，直至下一次通过电力网充满电。

五、增程式电动汽车的结构与原理

增程式电动汽车是一种串联式混合动力汽车，其设计理念是在纯电动汽车动力传动系统的基础上，增加一个增程器（通常为小功率的发动机 – 发电机组或燃料电池发电系统等），延长动力电池组一次充电续驶里程，满足日常行驶的需要。相比于纯电动汽车，增程式电动汽车可以采用较小容量的动力电池组，有利于降低动力电池组的成本。相比于串联混合动力汽车，增程式电动汽车的增程器功率偏小，动力电池组容量配置偏高。

增程式电动汽车完全靠电动机 – 发电机驱动，在起步或者短途行驶时，由车载大容量的动力电池组通过电机控制器为电动机 – 发电机提供动力，电动机 – 发电机带动汽车行驶。当动力电池的电量低于设定工作下限时，车载增程器起动，整车工作于串联混合动力汽车工作模式，满足汽车的行驶动力需求。值得注意的是，增程式电动汽车与插电式混合动力汽车的区别是，前者的发动机功率更小，而且由于在串联混合动力汽车工作模式下，增程器的输出功率不足以补充动力电池组的电量消耗，从而难以像常规串联混合动力汽车那样无限制长距离行驶，因此必须及时对动力电池组进行补充充电。

任务三　混合动力汽车的关键部件

除了电动汽车常规的动力电池组和电机驱动系统之外，混合动力汽车特有的关键部件还包括发动机、动力耦合装置和整车综合控制器等。

✳ 一、发动机

在混合动力汽车上，发动机作为唯一的耗油部件，其性能和控制特性的好坏直接决定了整车的燃油经济性。由于混合动力汽车上还具备电机驱动系统以及动力电池组等电能储存单元，发动机的工作过程和控制特性与常规汽车发动机有了明显的区别，这也为混合动力汽车中发动机的优化奠定了基础。

常规汽车中发动机是唯一的动力装置，不利于节油的原因在于：

（1）具有怠速工作工况。

（2）采用奥托循环，部分负荷燃油消耗率高，泵气损失大，膨胀比小。

（3）奥托循环发动机通过加浓混合气满足输出功率增加的需要。浓混合气在发动机内并不能完全被利用，作为 HC 排放物被排到大气中或者在催化器氧化掉，降低了燃油利用率。

（4）为满足整车动力性要求，发动机后备功率大，大部分工作于低负荷非经济区域。

在混合动力汽车中，由于电机驱动系统的参与，发动机的工作过程有了优化的基础。例如：可采用小径的曲轴，减小发动机相对运动体的摩擦；采用阿特金森循环，可设计非常小的燃烧室，显著地降低排气损失和节流损失。

图 4.15 所示为丰田普锐斯混合动力汽车采用的阿特金森循环发动机，图 4.16 所示为阿特金森循环与奥托循环的对比。阿特金森循环发动机是在奥托循环发动机的基础上增加了一个回流过程，即包括进气、回流、压缩、膨胀和排气五个行程。阿特金森循环利用进气门晚关而不是节气门来控制负荷。进气门晚关时刻是由气缸内充气量的多少来决定的，也就是由负荷的大小来确定气门的关闭时刻。气门关闭后才是压缩行程的实际开始点，而膨胀行程还是与原来的奥托相似或稍长，这就减少了进气行程的泵气损失和压缩行程的压缩功。膨胀比比压缩比大，能够更大程度地将热能转换为机械能，提高发动机的指示热效率，降低燃油消耗。另外，进气门晚关使实际压缩比降低，所以气缸内的燃烧温度降低，有利于改善 NO 排放。

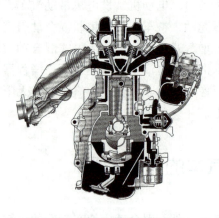

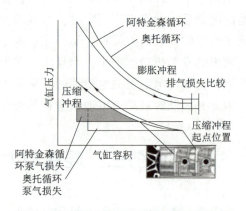

图 4.15 阿特金森循环发动机   **图 4.16 阿特金森循环与奥托循环的对比**

阿特金森循环发动机具有较高的热效率是因为它降低了两方面的损耗：一是在部分负荷

时它工作在最佳膨胀比下，燃料的热效率高；二是进气行程中没有节气门的节流作用，从而减少了泵气损失。虽然具有较高热效率，但阿特金森循环却存在功率偏低的缺点，特别是在低速低负荷下更加明显。混合动力汽车技术的出现弥补了这一缺陷，在低速小负荷下可以使用电机驱动系统驱动，既发挥了电动机低速大转矩的优点，又避开了阿特金森循环低速小负荷的弱点，使发动机主要工作在中、高速工况下，充分发挥了阿特金森循环发动机热效率高的优点，提高了整车的燃油经济性和排放性。在大部分负荷范围内没有节气门作用，因此不存在额外的泵气损失。为了提高燃油的做功能力，阿特金森循环发动机采用了较大的膨胀比，在需要提供大的功率输出时，混合动力汽车通过电机、动力电池输出能量辅助汽油机提供动力，因而解决了传统汽油机通过使用过浓混合气增加功率输出的缺陷。因此，阿特金森循环发动机是混合动力汽车采用的理想的发动机。

❄ 二、动力耦合装置

动力耦合装置是混合动力汽车实施两条或多条独立动力传动系统联合输出动力的所有主件的统称。串联混合动力汽车的动力耦合装置为电电耦合装置，并联混合动力汽车的动力耦合装置为机电耦合装置。

1. 电电耦合装置

在串联混合动力汽车中，发动机 – 发电机组输出的直流电与动力电池组输出的直流电经过电电耦合装置的调整后，共同向电机控制器提供电能，在实际的应用中有图 4.17 所示的几种典型方案。发动机 – 永磁发电机经三相整流后的直流输出特性如图 4.18 所示。

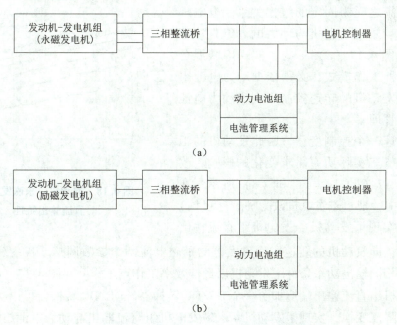

图 4.17 串联混合动力汽车电电耦合方案
（a）直接并联（永磁发电机）；（b）直接并联（励磁发电机）

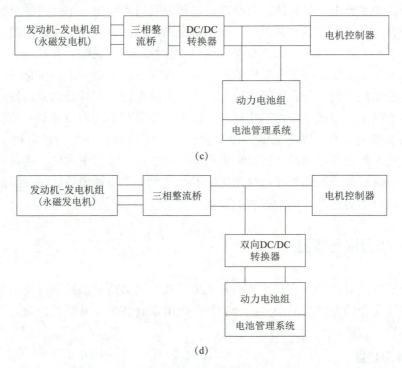

图4.17　串联混合动力汽车电电耦合方案（续）

（c）间接并联（DC/DC转换器）；（d）间接并联（双向DC/DC转换器）

如图4.18所示，在同一发动机转速下，直流输出电压和电流之间为固定的线性关系。电电耦合采用发动机–永磁发电机与动力电池组直接并联的方案［见图4.17（a）］，为了实现串联混合动力汽车的各种工作模式，必须依据动力电池组的端电压进行发动机的转速控制以实现动力电池组的充、放电管理。

由于仅转速一个控制变量，因此发动机的工作点难免受到整车实际功率需求变化的影响，改进方案如图4.17（b）、（c）和（d）所示。在图4.17（b）中，把永磁发电机改为励磁（可调）发电机，从而实现了发动机–发电机组直流输出

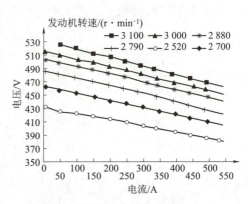

图4.18　发动机–永磁发电机组
直流输出特性

的双参数调整，即发动机的转速和励磁发电的励磁电流两个参数调整。若系统参数匹配合理，可以实现相同输出功率条件下发动机以最佳效率工作点工作。在图4.17（c）中，发动机–永磁发电机组直流输出端增加了一个DC/DC转换器。DC/DC转换器可以实现输出直流电压的升压或降压变换，实现了发动机–永磁发电机组直流输出与动力电池组输出的解耦，同样实现了发动机–发电机组输出的双参数调整，即发动机的转速和DC/DC转换器的输出电流，可以实现相同输出功率条件下发动机以最佳效率工作点工作。图4.17（d）中，在动力电池组的输出端增加了一个双向DC/DC转换器，通过对DC/DC转换器的升压/降压控制，

实现了动力电池组充、放电的主动管理以及发动机－永磁发电机组输出电压的主动匹配，也实现了发动机－发电机组输出的双参数调整，即发动机的转速和双向 DC/DC 转换器的电压的调整，同样可以实现相同输出功率条件下发动机以最佳效率工作点工作。

2. 机电耦合装置

在并联混合动力汽车中，机电耦合装置负责将混合动力汽车的多个动力装置的输出机械动力组合在一起，实现多机械动力间合理的分配并传给驱动桥，实现各种工作模式在并联混合动力汽车开发中处于重要地位。

混合动力汽车机电耦合装置应具有以下四个功能：

（1）动力合成功能。机电耦合装置能够将来自不同动力装置的机械动力进行动力的合成，实现混合动力驱动工作模式。

（2）动力输出不干涉功能。机电耦合装置应保证来自不同动力装置的机械动力单独地输出或让多个动力装置共同输出以驱动汽车行驶，彼此之间不发生运动干涉，不影响传动效率。

（3）动力分解与能量回馈功能。机电耦合装置应允许将发动机动力的全部或一部分传递给电机，电机以发电模式工作，为动力电池组充电，还可以在整车制动时实施再生制动，回收制动能量。

（4）辅助功能。机电耦合装置最好能充分发挥电机低速大转矩的特点来实现整车起步，利用电机的反转来实现倒车，从而取消倒挡机构。

从实现动力耦合的机理出发，机电耦合装置具体可分为转矩耦合装置、转速耦合装置和功率耦合装置三大类。

1）转矩耦合装置

转矩耦合装置的输出转矩为两个动力装置输出转矩的叠加，而工作转速之间为比例关系，数学表达式为

$$T = \eta_e T_e i_e + \eta_m T_m i_m \tag{4-1}$$

$$n = \frac{n_e}{i_e} = \frac{n_m}{i_m} \tag{4-2}$$

式中，T、T_e、T_m 分别为机电耦合装置的总输出转矩、发动机输出转矩和电动机输出转矩；n、n_e、n_m 分别为机电耦合装置、发动机、电动机的工作转速；i_e、i_m 分别为发动机、电动机与机电耦合装置之间的机械传动比；η_e、η_m 分别为发动机、电动机与机电耦合装置之间的机械传动效率。

典型的转矩耦合装置有两大类，即传动系统耦合和同轴电机耦合，如图 4.19 所示。

传动系统耦合是并联混合动力汽车较普遍采用的一种耦合方式，例如我国东风汽车公司 EQ7200 基于 AMT 的机电耦合装置，如图 4.20 所示。日本五十铃公司基于 PTO 的机电耦合装置如图 4.21 所示。由此可以看出，传动系统耦合均采用了固定传动比齿轮传动实现了转矩耦合。

同轴电机耦合混合动力系统即单轴耦合并联混合动力系统，发动机输出轴与电机的输出轴同轴，各种具体实施方案的差异在于发动机与电机之间是否增加了离合器。

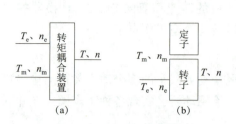

图 4.19　典型的转矩耦合装置
（a）传动系统耦合；（b）同轴电机耦合

图 4.20　东风汽车公司基于 AMT 的机电耦合装置

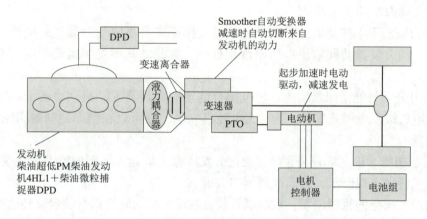

图 4.21　日本五十铃公司基于 PTO 的机电耦合装置

2）转速耦合装置

转速耦合装置的工作转速为两个动力装置工作转速的叠加，而输出转矩之间为比例关系，其数学表达式为

$$T = \eta_e T_e i_e = \eta_m T_m i_m \tag{4-3}$$

$$n = \frac{n_e}{i_e} + \frac{n_m}{i_m} \tag{4-4}$$

典型的转速耦合装置有两大类，即行星排耦合和定子浮动式电机耦合，分别如图 4.22（a）、4.22（b）所示。

行星排是混合动力汽车机电耦合装置中经常使用的机构，按形式的不同又可分为单行星排、双行星排和多行星排。北京理工大学与波兰华沙工业大学联合设计的混合动力汽车用单行星排耦合系统，如图 4.23 所示，发动机与行星排太阳轮相连，电机经过一对齿轮减速后与行星排齿圈连接，经过行星排行星架输出到驱动桥，显然稳态下的输入、输出之间存在以下关系：

$$T = \eta_e T_e (k+1) = \eta_m T_m \frac{k+1}{k} \tag{4-5}$$

$$n = \frac{n_e}{k+1} + \frac{kn_m}{k+1} \tag{4-6}$$

式中，k 为行星排齿圈与太阳轮的齿数比。

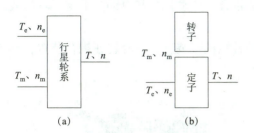

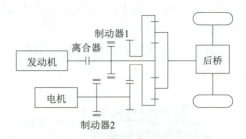

图 4.22　典型的转速耦合装置

（a）行星排耦合；（b）定子浮动式电机耦合

图 4.23　单行星排动力耦合系统

定子浮动式电机耦合系统输入与输出之间的关系为

$$T = \eta_e T_e = \eta_m T_m \tag{4-7}$$

$$n = n_e + n_m \tag{4-8}$$

转速耦合装置的输出转矩与发动机和电机转矩成比例关系，工作转速是发动机和电机工作转速的线性和。因此，在汽车行驶过程中，发动机的转矩不可控，发动机的转速可以通过电机的转速调整而得到控制，从而实现发动机的无级调速。

3）功率耦合装置

功率耦合装置兼顾了转速耦合装置和转矩耦合装置的特点，其输出转矩为两个动力装置输出转矩的线性和，其工作转速为两个动力装置工作转速的线性和，即式（4-1）和式（4-4）同时成立。

典型的功率耦合装置实施方案如图 4.24 所示。图 4.24（a）对应的实际应用举例为丰田普锐斯混合动力汽车所采用的 THS 混合动力系统（单行星排功率耦合）。如图 4.25 所示，发动机与行星排行星架相连，发电机［对应图 4.24（a）的 m1］与太阳轮相连，齿圈输出与电动机［对应图 4.24（a）的 m2］直接同轴连接，经过减速传动到驱动轮，实际上 THS 混合动力系统为单行星排转速耦合与同轴电机转矩耦合集成的功率耦合系统。图 4.24（b）所示为双行星排功率耦合。双行星排的行星架直接相连并作为输出轴，两个电动机–发电机分别与两个行星排的太阳轮相连，发动机与第一个行星排齿圈相连，第二个行星排的齿圈直接固定。这样，第一个行星排三个轴同时运转，起到功率分流的作用，第二个行星排齿圈固定，相当于一个减速传动。该种方案实际上为发动机与电动机 1 组成的单行星排转速耦合、电动机 2 经过第二个行星排减速传动与第一个行星排输出轴组成的转矩耦合。图 4.24（c）

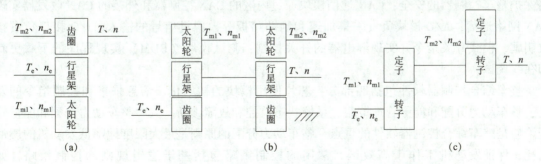

图 4.24　典型的功率耦合装置实施方案

（a）单行星排功率耦合；（b）双行星排功率耦合；（c）双转子电机功率耦合

项目四　混合动力汽车

所示为发动机和电动机1组成的定子浮动式转速耦合、电动机2和电动机1定子轴组成的同轴电机转矩耦合。

综上所述，功率耦合系统均集成了至少一种转矩耦合装置、一套转速耦合装置，具有至少两个电动机－发电机。

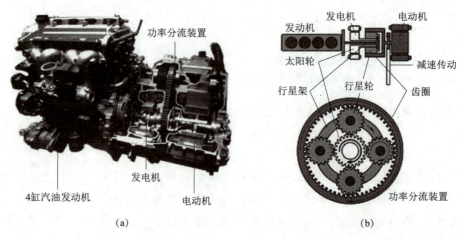

（a）　　　　　　　　　　　　　　　　　（b）

图4.25　丰田THS混合动力系统
（a）混合动力系统；（b）功率分流装置

三、整车综合控制器

整车综合控制器是混合动力汽车的关键部件，它基于驾驶员的操控指令、车速等整车的状态信息、混合动力系统组成部件的状态信息等，实施驾驶员的指令解析，依据制定的控制策略进行动力分配控制，依据动力电池组等的能量状态进行能量管理，对混合动力系统组成部件进行信息监控和故障诊断等，并输出合理的指令到电机、发动机以及动力耦合装置等，以满足汽车的行驶要求。

整车综合控制器硬件包括微处理器、电源及保护电路模块CAN通信模块、A/D模块、I/O接口、调试模块等。微处理器负责数据计算和存储，是整车综合控制器的"大脑"；电源及保护模块为微处理器提供稳定的12 V或24 V电源，并在电源意外接错的情况下切断电路保护整车控制器的安全；CAN通信模块通过内嵌的CAN控制器和外接的CAN收发器实现CAN网络通信；A/D模块负责采集加速和制动踏板等模拟量信号的输入；I/O接口负责接收钥匙、模式开关指令并实现继电器的开关控制；测试模块（BDM）实现程序的下载更新和在线调试。

整车综合控制器软件包括四部分：芯片使用模块的初始化、信息采集和控制指令的发送、整车动力分配和能量管理策略、系统状态监控和故障诊断。其中整车动力分配和能量管理策略是整车综合控制器软件的重点。整车动力分配的原则是最大限度地降低发动机的燃油消耗，保证发动机工作于高效区。常用的控制策略包括基于逻辑规则的控制策略，如图4.26所示，在发动机低速、低负荷的非经济工作区，发动机尽可能关机，采用纯电动机驱动，如图4.26中的区域A、B；纯发动机经济工作区，采用纯发动机驱动，如图4.26中的区域 C；当需求功率超过发动机的经济工作区时，如图 4.26 中的区域 D，发动机以经济工作区的节气门上限工作，剩余功率由电动机提供，即采用"发动机 + 电动机"的混合驱动；当需求功率超过发动机的全负荷工作区时，如图 4.26 中的区域 E，则发动机以全负荷工作，剩余功率由电动机提供。基于逻辑规则的控制策略算法简单、易实现，且具有很好的鲁棒性，但由于基于工程经验，对汽车行驶工况的动态变化考虑不充分，难以获得最佳的控制效果，因此又出现了基于模糊规则的控制策略、基于静态全局优化的控制策略和基于动态实时优化的控制策略等。整车能量管理策略围绕动力电池组的电量消耗变化主要有两大类：其一为电量消耗型管理策略，即动力电池组的电量状态在汽车行驶前后处于衰减的状态，在必要时需要对动力电池组进行外接充电；其二为电量维持型管理策略，即动力电池组的电量状态在汽车行驶前后基本保持不变，不需要对动力电池组进行外接充电，整车使用和常规汽车相同，只需要加油即可。

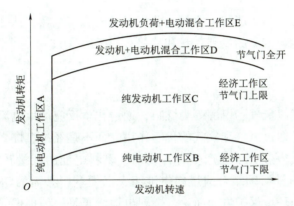

图 4.26　基于逻辑规则的动力分配控制策略

1. 混合动力汽车有哪几类？它们在结构上有什么区别？
2. 并联式混合动力汽车根据动力耦合方式，可以细分为几类？它们的不同点是什么？
3. 混联式混合动力汽车有几种工作模式？它们分别是什么？
4. 混合动力汽车动力蓄电池充电的方式有几种？分别有什么特点？
5. 再生制动前后轮制动力矩有什么要求？为什么？

项目五
燃料电池电动汽车

通过本项目的学习，学生能够了解新能源汽车的概念与范畴，认知发展新能源汽车的必要性，了解国内外新能源汽车的发展现状和趋势。

燃料电池汽车是指以氢气、甲醇等为燃料，通过化学反应产生电流，依靠电动机驱动的汽车。其电池的能量是通过氢气和氧气的化学作用，而不是经过燃烧，直接变成电能或动能的。燃料电池的化学反应过程不会产生有害物质，燃料电池的能量转换效率比内燃机要高2~3倍。单个的燃料电池必须结合成燃料电池组，以便获得必需的动力，满足车辆使用的要求。从能源的利用和环境保护方面而论，燃料电池汽车是一种理想的车辆。所以，燃料电池电动汽车被认为是电动汽车发展的终极目标。

任务一　燃料电池电动汽车概述

一、燃料电池电动汽车的发展概况

1. 燃料电池电动汽车的特点

燃料电池电动汽车（Fuel Cell Electric Vehicle，FCEV）采用燃料电池作为动力源。相比于内燃机汽车，燃料电池电动汽车主要有以下优点：

（1）因燃料直接通过电化学反应产生电能，无热能转换过程，故不受卡诺循环的限制，能量转换效率高，实际能量转换效率高达50%~70%。

（2）当燃料电池使用氢燃料时，其排放的是水，无污染；当使用甲醇、汽油等其他燃料时，排放的CO比汽油机少1/2。

（3）燃料电池堆可由若干个单元电池串联或并联而成，可根据质量分配均衡和空间有效利用的原则，机动灵活地进行配置。

（4）燃料电池无运动部件，振动小、噪声低，零部件对机械加工精度要求不高。

2. 国外燃料电池电动汽车的发展现状

美国通用汽车公司在 1968 年生产出了世界上第一辆以燃料电池为电源的电动汽车。该燃料电池电动汽车由厢式货车改装而成，装载了最大功率为 150 kW 的燃料电池系统，燃料采用低温冷藏的液态氢，汽车的续驶里程达到了 200 km。由于复杂的燃料电池结构庞大，几乎占去了车内所有的空间，加上当时人们的环境保护意识远不如现在深刻，能源供需矛盾也没有现在这样突出，故未继续进行该燃料电池电动汽车的后续开发工作。

20 世纪 90 年代，燃料电池电动汽车技术开始受到人们空前的关注。这是因为燃料电池电动汽车的低排放和高效的燃料利用率，对解决汽车环境污染和缓解能源短缺问题十分有效。世界上主要汽车生产大国的政府和各大汽车制造商纷纷制定相关的政策，投入大量的人力、物力研究和开发燃料电池电动汽车，并取得了一系列的成果。

目前，燃料电池电动汽车的发展已经进入了快速发展的阶段。全球范围内燃料电池电动汽车的销量逐年增长，市场规模不断扩大。据统计，2022 年全球燃料电池电动汽车的销量为 1.79 万辆，全球保有量 6.7 万辆。

3. 国内燃料电池电动汽车的发展现状

从 20 世纪 50 年代开始，我国就进行燃料电池相关技术的研究。20 世纪 90 年代，我国开展了富有成效的燃料电池及燃料电池电动汽车的研究，燃料电池电动汽车的发展也取得了长足的进步。政府也出台了一系列支持政策，鼓励企业加大燃料电池电动汽车的研发和生产力度，同时，一些知名汽车厂商也纷纷推出了自己的燃料电池电动汽车产品。2022 年我国燃料电池汽车总销量 5 009 辆，创历史最高。

上汽、同济大学等研究开发了三代"超越"系列燃料电池轿车动力系统平台和示范车。北京清能华通科技发展有限公司与清华大学等共同研发出了"清能 1 号"燃料电池城市客车。东风、长安、奇瑞等汽车公司也竞相开发出了混合动力汽车性能样车。这些均表明我国也同样十分关注燃料电池电动汽车，并且燃料电池电动汽车技术水平也已接近或达到国外先进水平。

因为燃料电池电动汽车的价格高，再加上其安全、高效的储氢和运氢等还存在着问题，所以燃料电池电动汽车的产业化尚需时日。

❄ 二、燃料电池电动汽车的类型

虽然燃料电池电动汽车的历史不长，但是与纯电动汽车相比，燃料电池电动汽车无须依赖蓄电池技术性能的完善，与内燃机汽车相比，具有环保、节能的优势。因此，燃料电池电动汽车已成为全世界新能源汽车开发的热点，且不断地开发出不同结构的燃料电池电动汽车。

1. 按有无蓄能装置分类

根据燃料电池电动汽车是否配备蓄能装置，可把燃料电池电动汽车分为纯燃料电池电动汽车和混合燃料电池电动汽车两大类。

1）纯燃料电池电动汽车

纯燃料电池电动汽车的燃料电池是电动汽车上电能的唯一来源。如图 5.1 所示，这种类型的燃料电池电动汽车，要求燃料电池的功率大，并且无法回收汽车制动能量。因此，纯燃料电池电动汽车目前应用较少。

图5.1 纯燃料电池电动汽车动力系统示意图

2）混合燃料电池电动汽车

混合燃料电池电动汽车上除燃料电池外，还同时配备了蓄能装置（如蓄电池、超级电容或飞轮电池等），如图5.2所示。由于蓄能装置可协助供电，因而可减小燃料电池的功率，且蓄能装置还可用于汽车制动时的能量回收，所以可提高燃料电池电动汽车的能量利用率。因此，燃料电池电动汽车多采用混合型结构。

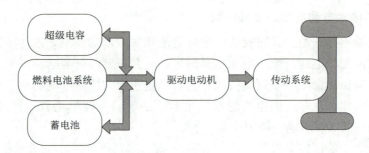

图5.2 混合燃料电池电动汽车动力系统示意图

2. 按燃料电池与蓄电池的结构关系分类

根据混合型燃料电池电动汽车中燃料电池和蓄电池的电路结构，可将混合型燃料电池电动汽车分为串联式和并联式两种，如图5.3所示。

1）串联式燃料电池电动汽车

串联式燃料电池电动汽车动力系统如图5.3（a）所示。其燃料电池相当于车载发电装置，通过DC/DC转换器进行电压转换后对蓄电池充电，再由蓄电池向电动机提供驱动车辆的全部电力。串联式燃料电池电动汽车的特点与普通的串联式混合动力电动车相似，其优点是可采用小功率的燃料电池，但要求蓄电池的容量和功率要足够大，且燃料电池发出的电能需要经过蓄电池的电化学转换过程，从中有能量的转换损失。目前，串联式燃料电池电动汽车较为少见。

2）并联式燃料电池电动汽车

并联式燃料电池电动汽车动力系统如图5.3（b）所示。它由燃料电池和蓄电池共同向电动机提供电力。根据燃料电池与蓄电池能量大小的配置不同，又可将其分为大燃料电池型和小燃料电池型两种。大燃料电池型主要由燃料电池提供电力，蓄电池的容量较小，只是在电动汽车起步、加速、爬坡等行驶工况时协助供电，并在车辆减速与制动时进行能量回收。小燃料电池型则必须采用大容量的蓄电池，由蓄电池提供主要的电力，而燃料电池只是协助供电。并联式是目前燃料电池电动汽车采用较多的形式。

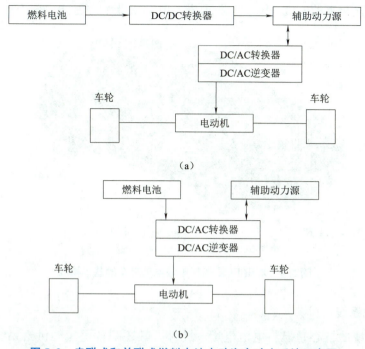

图 5.3　串联式和并联式燃料电池电动汽车动力系统示意图
（a）串联式；（b）并联式

3. 按提供的燃料不同分类

根据燃料电池所提供的燃料不同，燃料电池电动汽车又可分为直接燃料电池电动汽车和重整燃料电池电动汽车两大类。

1）直接燃料电池电动汽车

直接燃料电池电动汽车的燃料主要是纯氢，也可以用甲醇等燃料。采用纯氢作燃料的燃料电池电动汽车，氢燃料的储存方式有压缩氢气、液态氢和合金（碳纳米管）吸附氢等几种。

2）重整燃料电池电动汽车

重整燃料电池电动汽车的燃料主要有汽油、天然气、甲醇、甲烷、液化石油气等。重整燃料电池电动汽车的结构要比氢燃料电池电动汽车复杂得多。比如，甲醇重整燃料电池电动汽车需要对甲醇进行 200 ℃ 左右的加热以分解出氢，汽油重整燃料电池汽车也需要对汽油进行 1 000 ℃ 左右的加热以分解出氢。无论采用什么燃料，重整燃料电池电动汽车都需设置重整装置，将其他燃料转化为燃料电池所需的氢。

直接以纯氢为燃料电池的电动汽车对储氢装置的要求较高。但与重整燃料电池电动汽车相比，直接燃料电池电动汽车的结构简单、质量轻、能量效率高、成本低。因此，目前的燃料电池电动汽车，采用重整技术的相对较少，大都以纯氢为车载氢源。

✿ 三、燃料电池电动汽车的构成

燃料电池电动汽车与普通燃油汽车相比，其外形和内部空间几乎没有什么区别，不同之处在于动力系统。燃料电池电动汽车动力系统的基本组成部分有燃料电池系统、电子控制系统、辅助蓄能装置及驱动电机。图 5.4 所示为本田 FCX 燃料电池电动汽车的基本构成。

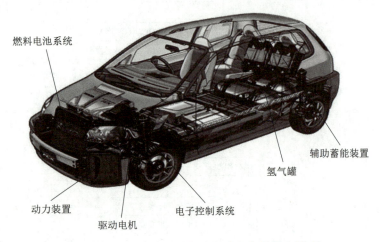

图 5.4 本田 FCX 燃料电池电动汽车的基本构成

1. 燃料电池系统

燃料电池系统的核心是燃料电池电堆。此外，其还配备了氢气供给系统、氧气供给系统、气体加湿系统、水循环及反应物生成处理系统等，用以确保燃料电池电堆正常工作。

1）氢气供给系统

氢气供给系统的功能包括氢的储存、管理和回收。由于气态氢需要采用高压的方式储存，因此，储氢气瓶必须有较高的品质。储氢气瓶的容量决定了一次充氢的行驶里程。轿车一般采用 2～4 个高压储氢气瓶，大客车上通常采用 5～10 个高压储氢气瓶来储存所需的氢气量。

液态氢比气态氢需要更高的压力进行储存，且要保持低温。因此，在使用液态氢时对储氢气瓶的要求更高，还需要有较复杂的低温保温装置。

不同的储氢压力，需要采用相应的减压阀、调压阀、安全阀、压力表、流量表、热量交换器、传感器及管路等组成氢气供给系统。在从燃料电池电堆排出的水中，含有少量的氢，可通过氢气循环器将其回收。

2）氧气供给系统

氧气供给系统有纯氧和空气两种供给方式。当以纯氧的方式供给时，需要用氧气罐；当从空气中获得氧气时，需要用压缩机来提高压力，以确保供氧量，增加燃料电池反应的速度。空气供给系统除了需要有体积小、效率高的空气压缩机外，还需配备相应的空气阀、压力表、流量表及管路，并对空气进行加湿处理，以确保空气具有一定的湿度。

3）水循环系统

在燃料电池反应过程中，会产生水和热量，需要通过水循环系统中的凝缩器加以冷凝并进行气水分离处理，部分水可用于反应气体的加湿。水循环系统还用于燃料电池的冷却，以使燃料电池保持在正常的工作温度。

2. 辅助蓄能装置

混合式燃料电池电动汽车还配备辅助蓄能装置。辅助蓄能装置可采用蓄电池、超级电容和飞轮电池中的一种组成双电源的混合动力系统，或采用蓄电池 + 超级电容、蓄电池 + 飞轮电池的三电源系统。

燃料电池电动汽车配备辅助蓄能装置的作用是：

（1）在燃料电池电动汽车起动时，由辅助蓄能装置提供电能，带动燃料电池起动或带动车辆起步。

（2）在燃料电池电动汽车运行过程中，当燃料电池输出的电能大于车辆驱动所需的能量时，辅助蓄能装置可用于储存燃料电池剩余的电能。

（3）在燃料电池电动汽车加速和爬坡时，辅助蓄能装置可协助供电，以弥补燃料电池输出功率的不足，使电动机获得足够的电能，产生满足车辆加速和爬坡所需的电磁转矩。

（4）向车辆的各种电子设备、电器提供工作所需的电能。

（5）在车辆制动时，将驱动电机转换为发电机工作状态，将车辆的动能转换为电能，并向辅助蓄能装置充电，以实现车辆制动时的能量回收。

3. 驱动电机

驱动电机用于将电源所提供的电能转换为电磁转矩，并通过传动装置驱动车辆行驶。与纯电动汽车和混合动力汽车一样，燃料电池电动汽车用驱动电动机也可采用直流有刷电动机、交流异步电动机、交流同步电动机、永磁无刷直流电动机和开关磁阻电动机等。

不同类型的电动机具有不同的性能特点。燃料电池电动汽车通常是结合整车的开发目标，综合考虑各种电动机的结构与性能特点以及电动机的驱动控制方式及控制器结构特点等，选择适宜的驱动电动机。

4. 动力控制系统

直接燃料电池电动汽车的电子控制系统包括燃料电池系统控制、DC/DC 转换器控制、辅助储能装置能量管理、电机驱动控制及整车协调控制等控制功能，各控制功能模块通过总线连接，如图 5.5 所示。

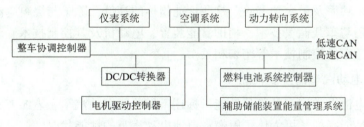

图 5.5　燃料电池电动汽车电子控制系统构成

1）燃料电池系统控制

燃料电池系统控制器用来控制燃料电池的燃料供给与循环系统、氧化剂供给系统、水/热管理系统，并协调各系统工作，以使燃料电池系统能持续向外供电。

2）DC/DC 转换器控制

DC/DC 转换器用于改变燃料电池的直流电压，由电子控制器控制。电子控制器的作用是通过调节 DC/DC 转换器的输出电压，将燃料电池电堆较低的电压上升至电动机所需的电压。DC/DC 转换器的作用不仅仅是升压和稳压，在工作时通过控制器的实时调节，还可使其输出电压与蓄电池的电压相匹配，协调燃料电池和蓄电池负荷，起到限制燃料电池最大输出电流和最大功率的作用，以避免燃料电池因过载而损坏。

3）辅助蓄能装置能量管理

辅助蓄能装置能量管理系统对蓄电池的充电、放电、存电状态等进行监控，使辅助蓄能装置能正常地起作用，实现车辆在起动、加速、爬坡等工况下的协助供电，并在车辆运行时储存燃料电池富余电能，实现汽车制动时的能量回馈。蓄电池能量管理系统通过对蓄电池电压、电流、温度等参数的监测，还可实现蓄电池的过充电、过放电控制，进行蓄电池荷电状态的估计与显示。

4）电机驱动控制

电机的类型不同，其控制系统的电路结构和工作原理也有所不同。总体上，电机驱动控制系统的主要控制功能有：电机的转速与转矩调节、电机工作模式控制（设有制动能量回馈的电动汽车）、电机过载保护控制等。

5）整车协调控制

整车协调控制系统基于设定的控制策略对各控制功能模块进行协调控制：一方面，控制器根据加速踏板传感器、制动踏板传感器、挡位开关送入的电信号判断驾驶员的驾车意图，并输出控制信号，通过相关的控制功能模块实现车辆的行驶工况控制；另一方面，控制器根据相关传感器和开关输入的电信号，获取车速、电动机转速、是否制动、蓄电池和燃料电池的电压和电流等信息，判断车辆的实际行驶工况和动力系统的状况，并按设定的多电源控制策略输出相应的控制信号，通过相应的功能模块实现能量分配调节控制。此外，整车协调控制还包括整车故障自诊断功能。

❀ 四、燃料电池电动汽车的性能与关键技术

对于燃料电池电动汽车而言，最被关注的性能指标主要有续驶里程、最高车速、最大爬坡度、最大转矩、功率及最大功率等。这些性能指标的高低，除了与燃料电池的性能这一关键因素有关外，还与车载储氢技术、辅助蓄能装置、电动机及其控制技术、动力系统的构成与整车的布置、整车的控制技术等密切相关。

1. 燃料电池电动汽车的主要性能

目前，燃料电池电动汽车的部分性能指标还不如普通燃油汽车。表5.1所示为典型燃料电池电动汽车的性能指标，可大体了解燃料电池电动汽车的性能状况。

表 5.1 典型燃料电池电动汽车的性能指标

车辆名称	丰田 FCHV	本田 FCX	FCHV - BUS2
长×宽×高/mm	4 735×1 815×1 685	4 165×1 760×1 645	10 515×2 490×3 360
车辆质量/kg	1 860	1 680	—
乘坐人数/人	5	4	60
行驶里程/km	300	355	250
最高车速/（km·h⁻¹）	155	150	80

车辆名称		丰田 FCHV	本田 FCX	FCHV – BUS2
燃料电池	种类	PEMFC	PEMFC	PEMFC
	功率/kW	90	78	90×2
电动机	种类	交流同步电动机	交流同步电动机	永磁同步电动机
	最大转矩/（N·m）	260	272	—
	最大功率/kW	80	60	80×2
燃料	种类	纯氢	纯氢	纯氢
	储存方式	压缩氢气	压缩氢气	压缩氢气
	储气压力/MPa	35	34.4	35
辅助蓄能装置		镍氢电池	超级电容	镍氢电池

2. 燃料电池电动汽车的关键技术

1）燃料电池系统

燃料电池技术是燃料电池电动汽车最关键的技术之一。燃料电池电堆的净输出功率、耐久性、低温起动性及成本等，直接影响燃料电池电动汽车的性能和发展。目前，降低燃料电池成本是燃料电池电动汽车研究的最重要目标，而控制燃料电池成本最有效的手段则是减少燃料电池材料（电催化剂、电解质膜及双电极等）的成本，降低加工（膜电极制作、双电极加工和系统装配等）费用。在降低燃料电池成本的同时，进一步提高燃料电池的性能，是目前燃料电池电动汽车技术研究的重点。此外，燃料电池系统还有许多需要攻克的工程技术难题，例如系统的起动与关闭时间、系统的能量管理与变换操作、电堆水热管理模式以及低成本高性能的辅助装置（空气压缩机、传感器及控制模块）等。

2）车载储氢装置

目前燃料电池电动汽车大都以纯氢为燃料。车载储氢装置对燃料电池电动汽车的动力性及续驶里程影响很大。如前所述，常见的车载储氢装置有高压储氢瓶、低温液氢瓶及金属氢化物储氢装置三种。除液态储氢方式外，目前的车载储氢装置的质量储氢密度和体积储氢密度均较低，而液态储氢需要很低的温度条件，其成本和能耗都很高。如何有效地提高体积储氢密度和质量储氢密度，是车载储氢装置研究的重点。

储氢气瓶采用质量轻、机械强度大的材料，通过减小储氢气瓶的质量和提高储氢压力来提高储氢装置的体积储氢密度和质量储氢密度，这是通常的研究方案。另一个比较理想的方案是，采用储氢材料与高压储氢复合的车载储氢新模式，即在高压储氢容器中装填质量较轻的储氢材料。这种储氢装置与纯高压储氢方式（＞40 MPa）相比，既可以降低储氢压力（约10 MPa），又可以提高储氢的能力。复合式储氢装置的技术难点是如何开发吸氢和放氢性能好、成形加工工艺好、质最轻的储氢材料。

3）辅助蓄能装置

对于混合型燃料电池电动汽车而言，辅助蓄能装置性能的好坏、能量控制策略的优异等对燃料电池电动汽车动力性和经济性的影响都很大。因此，研究与开发高性能的辅助蓄能装置，也是燃料电池电动汽车发展所必需的。

目前，燃料电池电动汽车用辅助蓄能装置主要有蓄电池、超级电容和飞轮电池三种。对于用于燃料电池电动汽车的蓄电池来说，功率大、密度高、短时间大电流的充放电能力强尤为重要。目前，燃料电池电动汽车采用镍氢电池的较多。锂离子电池由于具有比能量大、比功率高、自放电少、无记忆效应、循环特性好、可快速放电等特点，已被一些燃料电池电动汽车用作辅助蓄能装置。相比于蓄电池，超级电容具有短时间内大电流充放性能好（可达蓄电池的10倍）、充放电效率高、循环寿命长等许多优点。作为唯一的辅助蓄能装置（FC + C）或作为辅助蓄能装置之一（FC + B + C），超级电容在燃料电池电动汽车上的应用将会逐渐增多。

4）电动机及其控制技术

电动机用于产生驱动车轮转动的电磁转矩，其性能对燃料电池电动汽车的动力性和经济性影响极大。与工业用电动机相比，燃料电池电动汽车用驱动电动机在最大功率、最高转矩、工作效率、调速性能等方面均有较高的要求。目前，燃料电池电动汽车上使用较多的主要是永磁无刷直流电动机、交流异步电动机、交流同步电动机及开关磁阻电动机等。研究与开发出功率更大、更加高效且体积小、质量轻的电动机，并配以更加先进可靠的电动机控制技术，也是燃料电池电动汽车发展所需要解决的关键技术之一。

5）系统管理策略与电子控制技术

整车动力系统的优化设计、能量管理策略、整车热管理及整车电子控制（动力控制、能量管理、热管理及制动能量回馈等自动协调控制）等，对燃料电池电动汽车的动力性、经济性也起到了关键的作用。因此，整车动力系统参数的选择与最优化设计、多动力源的能量管理策略与最优化控制、整车热管理的最优化控制、整车各控制系统的协调控制等，均是燃料电池电动汽车发展必须面对的关键课题。

✳ 五、燃料电池电动汽车存在的主要问题

燃料电池电动汽车有燃油汽车无法比拟的优势。但是，由于燃料电池电动汽车的性能、成本及燃料的供给配套设施等问题还尚待解决，因此完全替代燃油汽车还尚需时日。

（1）燃料电池电动汽车的性能还有待提高。

与燃油汽车相比，燃料电池电动汽车的动力性、耐久性、起动性能（起动时间及低温起动）、续驶里程等均需要提高。

燃料电池是燃料电池电动汽车的核心部件，必须要解决的问题是提高功率密度、耐久性和起动性能。

重整器是确保燃料电池电动汽车能使用纯氢以外燃料的关键部件。提高重整器的工作可靠性、循环寿命、起动性和负荷响应性，以及小型化和轻量化，是燃料电池电动汽车必须解决的问题。此外，开发实用型的汽油重整器具有极为重要的意义，因为当汽油重整器在燃料电池电动汽车上大规模使用时，燃料电池电动汽车燃料供给的基础设施可以与燃油汽车共用。

氢储存技术的提高是解决以纯氢为燃料的燃料电池电动汽车续驶里程问题的关键，未来目标是一次加氢的续驶里程能达到500 km以上。

（2）制造成本和运行成本过高。

制造成本和运行成本过高是燃料电池电动汽车商用化的最大障碍，而燃料电池电动汽车

制造成本居高不下的最主要原因就是价格昂贵的燃料电池。

在燃料电池中，无孔石墨双极板的成本（包括石墨板材料价格和加工费用）占了整个燃料电池系统成本的50%以上。无孔石墨板的优点是导电性好、质量轻、耐腐蚀，其缺点是机械强度低，不易加工且难以薄片化。如今世界上正在研究改用金属板或复合板作双电极，这不仅可以降低材料费用，而且可以减薄双极板、降低加工难度、实现大批量生产，从而较大幅度地降低燃料电池的成本，提高燃料电池的比功率。

质子交换膜的费用也较高，其成本在燃料电池系统中排第二位。目前广泛采用的质子交换膜的工作温度极限是85 ℃。为确保燃料电池正常工作，就必须消耗燃料电池51%的能量，以移走燃料电池工作所产生的热量，这就大大降低了燃料电池的比能量。提高质子交换膜材料的工作温度极限和降低膜的厚度，是提高燃料电池的比能量，降低成本的有效途径。

催化剂铂是昂贵的金属，减少其用量可有效降低燃料电池的成本，但现在的燃料电池催化剂铂的用量已减至很低的水平，因此，单纯通过减少铂的用量来降低燃料电池的成本已较困难。提高铂的回收技术或寻求铂的替代品，成了降低燃料电池成本最有效的措施。

对氢燃料电池电动汽车而言，氢气的制备、储藏和运输成本要远高于汽油和柴油，因此燃料电池电动汽车的运行成本也较高。降低氢燃料的成本或研究与开发高效的汽油重整器，也是燃料电池电动汽车能被市场接受所要努力的方向。

（3）燃料供给体系的建立尚需时日。

目前，燃料电池电动汽车的燃料供给体系尚未建立，加氢站、加甲醇站等基础网络设施建设几乎为零。截至2016年1月全球仅有214座加氢站投入运营。要使燃料电池电动汽车实现商用化，氢燃料的供应及燃料供给基础设施建设必须同步进行。

当大规模地使用燃料电池电动汽车时，如何较为经济地获取氢，就成了燃料电动汽车应用必须解决的首要问题。虽然通过重整技术可将天然气、汽油等转化为燃料电池所需的氢燃料，但是这要消耗大量的能量，且未能摆脱对有限资源的依赖，也不能完全消除对环境的污染。通过热分解或电解的方法可从水中获取氢，这虽然是一种取之不尽的制氢方法，但需要消耗较多的能源，不具备实用性。利用太阳能制氢是较有前途的制氢方法。太阳能发电后通过电解水制氢，或利用太阳能直接分解水制氢等技术均处于研究与开发之中，此外，生物制氢技术也是获取氢源的有效途径。只有到了能以太阳能或其他再生能源获取廉价氢燃料的时候，燃料电池电动汽车的燃料问题才能根本解决。

气态氢的密度很小，需要通过高压储存，而液态氢又需要低温存储。因此，氢燃料生产基地的储存设备、运输装备和充氢站等，相比于汽油和柴油的储存设备、运输装备和加油站等均要复杂得多。加氢站的技术要求和费用要比加油站高得多，这需要国家给予政策扶持。在美国及欧洲一些国家，有关加氢站建设的法规早已成型，我国也正在积极做相关的工作。

只有当燃料电池电动汽车的性能及成本能与燃油汽车相抗衡，又有完备的燃料供给体系时，燃料电池电动汽车才能真正实现商用化。

任务二　质子交换膜燃料电池

现代燃料电池电动汽车主要装用燃料电池发动机来提供电能，燃料电池发动机以氢气为燃料，由单体燃料电池组成燃料电池组（堆），以及气体供应系统、循环水系统、电能管理系统等辅助装备共同组成。

一、质子交换膜燃料电池的基本性能

质子交换膜燃料电池 PEMFC（Proton Exchange Membrane Fuel Cell）又名固体高聚合物电解质燃料电池，其燃料有：压缩氢气、液化氢、储氢合金储存的氢气、甲醇改质产生的氢气、汽油改质产生的氢气等。氧化物有：氧化剂和空气。其工作温度一般在 80 ℃左右，当温度在 80 ℃左右时易于快速起动，电池能够在 −20 ℃时起动。

质子交换膜燃料电池的能量转换效率理论上可达到 70%~80%，现在各国研发的质子交换膜燃料电池实际能量转换效率已达到 50%~60%。质子交换膜燃料电池用可传导质子的聚合膜作为电解质，这种聚合膜具有选择透过 H + 离子的功能，是质子交换膜燃料电池的关键技术。

质子交换膜燃料电池比能量可达到 200（W·h）/kg 左右，燃料电池采用氢气作为燃料时，质量比功率不小于 150 W/kg，采用甲醇改质的氢气作为燃料时，质量比功率小于 100 W/kg。当前研发的燃料电池汽车，对质子交换膜燃料组（堆）的电压要求达 350 ~ 400 V、功率达到 30 ~ 200 kW。

质子交换膜燃料电池可以连续不断地工作，并适合部分负荷和满负荷输出特性的要求，可以得到与燃油发动机汽车相同的续驶里程、灵活性和机动性。这些优越的性能为其在燃料电池汽车上使用带来了很大便利，质子变换膜燃料电池是"电动汽车"较理想的一种车载发电电源。

质子交换膜燃料电池的基本单位为单体质子交换膜燃料电池，再由多个单体质子交换膜燃料电池组成质子交换膜燃料电池组（堆）。在质子交换膜燃料电池组（堆）上装备压缩机、加湿器等的管理系统，共同组成燃料电池发动机（发电机）。

二、单体质子交换膜燃料电池

1. 单体质子交换膜燃料电池的构造

单体质子交换膜燃料电池关键部件包括：阴极（氢燃料极）、阳极（氧化极）、质子交换膜和催化剂等。它们的结构形式和理化特性，是决定质子交换膜燃料电池性能的重要因素，单体质子交换膜燃料电池的结构如图 5.6 所示。

2. 单体质子交换膜燃料电池的工作原理

如图 5.7 所示，质子交换膜燃料电池的工作原理如下：

质子交换膜燃料电池中氢离子 H⁺ 从负极以"水合物"作为载体向正极移动。因此，在质子交换膜燃料电池的正负极间，必须保持有 400 mm/Hg 压力的水汽。在工作过程中要不断地补充水分，使燃料气体流和氧化剂（空气等）气体流保持一定的"湿润"状态。在氢离子 H⁺ 流过质子交换膜时，将水分附着在质子交换膜

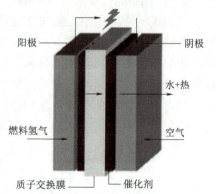

图 5.6 单体质子交换膜燃料电池的结构

上，保持质子交换膜处于湿润状态，来放置质子交换膜脱水，质子交换膜脱水时会使得燃料电池的内电阻大幅上升。

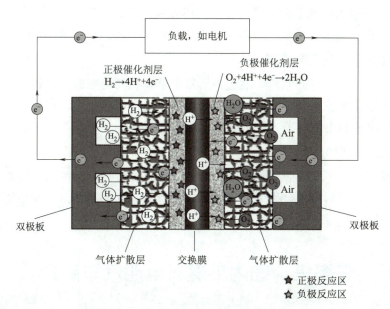

图 5.7　单体质子交换膜燃料电池的工作原理

❋ 三、燃料电池组（堆）

1. 燃料电池组（堆）的构造

燃料电池组（堆）（Fuel Cell Stack）是由多个单体质子交换膜燃料电池串联组成的，单体质子交换膜燃料电池的电压为 $0.7 \sim 1$ V，串联成燃料电池组的总电压达到 $250 \sim 500$ V，以保证燃料电池汽车驱动电动机所需要的工作电压和电流，如图 5.8 所示。

图 5.8　质子交换膜燃料电池组（堆）

2. 燃料电池组整体组装的要求

（1）使反应气体均匀分布。氢气、氧化剂的流场设计，要求能够均匀通过每一个单元燃料电池中的流场表面，进入燃料电池组中反应气体受到的阻力要小，保证各个单元燃料电池的电压一致性。

（2）控制每一个燃料电池单元之间反应气体相互隔离，不发生泄漏。

（3）冷却水在流场表面流场流过时，要求冷却均匀，不会因温度不均匀使局部过热。

3. 燃料电池组的电路连接方式

多个单体燃料电池串联的燃料电池组中，每个单体燃料电池的负极板与相邻的单体燃料电池的正极板串联，电流在整个燃料电池组表面流过形成串联组合。然后由两端的单体电池的电极输出总的电压和电流。要求降低燃料电池组的内阻，并避免发生短路。

4. 燃料电池组的密封性

在模压成整体的质子交换膜燃料电池组中，各个单体电池之间的密封性要求很高。密封性不良的质子交换膜燃料电池会因为氢气泄露，而降低氢气的利用率，并使质子交换膜燃料电池的效率降低。

任务三　国内外燃料电池汽车简介

❈ 一、我国燃料电池汽车

20 世纪 90 年代清华大学与北京世纪富源燃料电池公司，成功研发了我国第一辆 5 kW "京绿一号" 燃料电池汽车；北京理工大学与北京中华汽车制造研发的燃料电池 "绿能一号" 燃料电池汽车，开创了我国燃料电池汽车工业的先河，之后全国燃料电池汽车的研发展现出蓬勃的生机。

1. 超越号燃料电池汽车系列

同济大学、上海燃料电池汽车动力系统有限公司、上海神力科技有限公司、上海大众汽车公司等共同研发了具有我国自主知识产权的 "超越 1 号" "超越 2 号" 和 "超越 3 号" 燃料电池轿车，如图 5.9 所示。

（a）　　　　　　　　　　　　　（b）

图 5.9　我国自主研发的部分燃料电池轿车
（a）超越 1 号；（b）超越 2 号

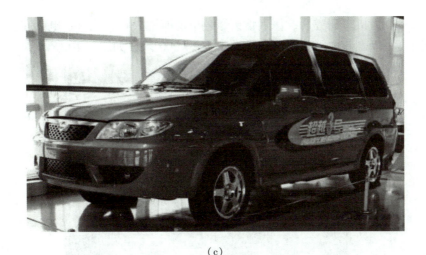

（c）

图 5.9 我国自主研发的部分燃料电池轿车（续）

（c）超越 3 号

"超越 3 号" CEV 轿车采用高压储气罐，储存 35 MPa 的高压氢气为燃料，装置神力公司的 50 kW 质子交换膜燃料电池，电压为 310 ~ 480 V、电流为 0 ~ 200 A、能量转化效率 > 50%。燃料电池的操作环境为：工作压力为常压、工作温度为 68 ~ 80 ℃、相对湿度 0 ~ 95%、噪声 76 dB，燃料电池发动机的外形尺寸为 810 mm × 420 mm × 250 mm，质量 < 300 kg。辅助蓄电池为锂离子电池，电池的容量为 15 A·h，在车辆制动和下坡时，回收反馈的能量。驱动电动机为永磁同步电动机，功率为 65 kW。

"超越 3 号"具有零排放、高效率、低噪声等优点，其动力系统采用模块化，并对桑塔纳 3000 轿车进行嵌入式结构设计，适合在同类型的产品车的柔性生产线同装配工艺和装配流程。

2. 上海牌燃料电池轿车

上海牌燃料电池轿车采用荣威牌轿车底盘，最高车速 150 km/h，0 ~ 100 km/h 的加速时间为 15 s，续驶里程达 300 km。用高压铝内胆、环氧树脂浸渍的碳纤维缠绕储氢罐，储存 35 MPa 的高压氢气为燃料，装置上海神力公司第四代 55 kW 常压式质子交换膜燃料电池发动机，燃料电池发动机的外形尺寸为 100 mm × 950 mm × 130 mm，质量 230 kg。其工作电压 310 ~ 530 V，电流 0 ~ 160 A，能量转化率 50%，工作温度 60 ~ 80 ℃，相对湿度 0 ~ 95%，噪声 ≤ 60 dB。配置大功率密度的锂离子电池组和永磁式驱动电动机。

3. 楚天 1 号燃料电池轿车（概念车）

武汉理工大学与东风汽车公司联合研究和制造的楚天 1 号燃料电池轿车（概念车），可乘坐 4 人，最高车速 103 km/h，最大爬坡度 > 20%。楚天 1 号 FCEV 采用 68 L、35 MPa 的高压氢气作为燃料，氢气储存罐装于车辆后部行李厢靠近后排座椅处，装置湖北省燃料电池重点实验室（原武汉理工大学材料复合新技术国家重点实验室）自行研究和开发的 25 kW 的质子交换膜燃料电池，辅助电池为镍氢电池，工作电压 288 V，容量 12 A·h，装置于后排座椅下面，用于起动车辆和回收制动时的再生能量。

4. 北京清能华通科技发展有限公司等共同研制的燃料电池大客车

由北京清能华通科技发展有限公司、清华大学、中科院大连化学物理研究所燃料电池工工程中心、株洲电力机车研究所、深圳雷天绿色电源有限公司、北京机电研究所等单位，共同研制了我国第一辆燃料电池大客车，总质量为 14 200 kg，如图 5.10 所示。

图 5.10　我国自主研发的燃料电池客车

燃料电池大客车用压缩氢气为燃料，9 个压缩氢气罐装置于客车顶棚上。采用中科院大连物化所研发的质子交换膜燃料电池，输出电压 220～320 V，功率为 55 kW。辅助锂离子电池组的单体电压 3.6 V，容量 100 A·h。三相交流驱动电动机额定功率为 100 kW，最大功率为 160 kW。通过一个二挡变速器驱动车辆行驶，电动机和控制器的总效率在 90% 以上。

✳ 二、美国通用汽车公司部分燃料电池汽车

美国通用汽车公司研发了多种型号的燃料电池汽车，研发的 Hydrogen 系列燃料电池汽车包括研发的 Hydrogen1、Hydrogen3、Hydrogen4 等燃料电池汽车，Hydrogen 系列燃料电池汽车在不断改进中得到发展和完善。

1. Hydrogen1

Hydrogen1 燃料电池汽车是通用汽车公司在 Zafire 燃料电池汽车底盘上改装的燃料电池汽车，可乘坐 5 人、总质量 1 575 kg、最高车速 140 km/h、0～96.6 km/h 的加速时间为 19 s，一次充满液氢的续驶里程可达 400 km。Hydrogen1 采用液态氢为燃料，质子交换膜燃料电池发动机的持续功率为 80 kW、最大功率 120 kW，装备镍氢电池组为辅助电源，交流电动机输出功率 55～60 kW，电动机通过单级减速器带动前轮行驶。

2. Hydrogen3

基于欧宝赛飞利的"氢动三号"燃料电池汽车，如图 5.11 所示。由 200 块相互串联在一起的燃料电池单元组成的燃料电池堆产生电力。燃料电池堆所产生的电能传递给电动机后，通过功率为 60 kW 的三相异步电动机驱动车辆行驶，几乎不产生任何噪声。"氢动三号" 0～100 km/h 的加速时间约为 16 s，最高时速达到 150 km/h。氢储存罐分为两种，一种罐内储存的是温度为 –253 ℃的液态氢，另一种罐内储存的是承受最高压力达 70 MPa 的压缩氢。一次充气行驶里程分别可达 400 km 和 270 km。质子交换膜燃料电池发动机的持续功

率为 94 kW、最大功率为 120 kW。其质量比 Hydrogen1 的燃料电池发动机减少 100 kg。用纯燃料电池的电源驱动车辆，省略了镍氢电池组为辅助电源。交流电动机输出功率 60 kW，电动机通过减速比为 8.67∶1 的单级减速器带动前轮行驶。

图 5.11　通用 Hydrogen3

3. Hydrogen4

Hydrogen4 燃料电池汽车最高车速为 160 km/h，0~96.6 km/h 的加速时间为 12 s。一次充满液氢的续驶里程可达 300 km。Hydrogen4 采用液态氢为燃料，质子交换膜燃料电池发动机的最大功率为 93 kW，交流电动机输出功率为 73 kW，电动机通过单级减速器带动前轮行驶，如图 5.12 所示。

图 5.12　通用 Hydrogen4 系列燃料电池汽车

❋ 三、美国福特汽车公司部分燃料电池汽车

美国福特汽车公司部分燃料电池汽车主要有：P2000FCEV、Focus – SUV、Airstream Concept 等燃料电池汽车。福特汽车公司的燃料电池汽车采用了不同形式的汽车底盘进行研究和开发，如图 5.13 所示。

图 5.13　福特汽车公司研发的燃料电池汽车

1. 福特公司 P2000FCEV 燃料电池汽车

P2000FCEV 燃料电池汽车是在 Conter/Mondio 轿车底盘上研发出来的燃料电池汽车，可乘坐 5 人，总质量为 907 kg，最高车速为 128 km/h，0 ~ 96.6 km/h 的加速时间为 12.3 s，一次充满液氢的续驶里程可达 160 km。P2000FCEV 采用 25 MPa 的高压氢气为燃料，装备 Ballard 公司的 3 个 Mark 质子交换膜燃料电池发动机，每个燃料电池发动机的功率为 25 kW，最大总功率为 75 kW，装备镍氢电池组为辅助电源。采用 Ecoster 公司的三相交流电动机，电动机的功率为 67 kW、转矩为 190 N·m。

2. 福特公司 Focus 燃料电池 – SUV

福特公司 Focus 燃料电池 – SUV 是在 Focus – SUV 底盘上改装出来的燃料电池 SUV，可乘坐 5 人，总质量为 1 727 kg，最高车速为 128 km/h，一次充满液氢的续驶里程可达 250 km。Focus 燃料电池 – SUV 采用 25 MPa 的高压氢气为燃料，装备 Ballard 公司的 Mark900 型质子交换膜燃料电池发动机，输出电压为 385 V，最大总功率为 75 kW。装备总电压 300 V 镍氢电池组为辅助电源。采用功率为 67 kW，转矩为 190 N·m 的三相交流电动机为驱动电机。

3. 福特汽车公司 Airstream Concept 燃料电池汽车

福特汽车公司 Airstream Concept 燃料电池汽车是一种 "即插"（Hyseries Drive，相当于 Plug – in）燃料电池汽车，以 336 V 总电压的锂离子动力电池组为主要电源，燃料电池发动机只是在动力电池组的 SOC 下降到允许的最低点时，才起动燃料电池发动机为动力电池组补充电能。

✳ 四、丰田汽车公司的 FCHV 系列燃料电池汽车

丰田汽车公司用不同的储氢方式，在相类似的汽车地盘上研究和开发不同的燃料电池概念车（见图 5.14），探索不同的氢能源在燃料电池汽车上应用的可行性。

图 5.14　丰田汽车公司的 FCHV 系列燃料电池汽车

1. FCHV1 燃料电池试验车

FCHV1 是采用丰田汽车公司的 RAV4 轿车底盘改装的燃料电池试验车,可以乘坐 5 人,最高车速为 100 km/h,采用氮基材料为主的氢吸附材料储存的氢气为燃料,一次充满氢气的续驶里程可达 250 km。装置丰田汽车公司固体高分子型燃料电池发动机(功率 20 kW),装备镍氢电池为辅助电源,燃料电池与辅助电池共同组成"电－电"电力耦合平台。永磁同步电动机的输出功率为 50 kW。因为氮基材料为主的氢吸附材料储存器的体积较大,所以占据了 FCHV1 的大部分空间。

2. FCHV2 燃料电池汽车

FCHV2 是采用丰田汽车公司的 RAV4 轿车底盘改装的燃料电池试验车,可以乘坐 5 人,最高车速为 125 km/h,采用甲醇经过改质产生的氢气为燃料,一次充满甲醇的续驶里程可达 1 500 km。装置丰田汽车公司固体高分子型燃料电池发动机(功率 25 kW),装备镍氢电池为辅助电源,燃料电池与辅助电池共同组成"电－电"电力耦合平台。永磁同步电动机的输出功率为 50 kW。因为甲醇改质器的体积较大,所以占据了 FCHV2 的一部分空间。

3. FCHV3 燃料电池 SUV

FCHV3 – SUV 是采用丰田汽车公司的 Highlander SUV 底盘改装的燃料电池 SUV,可以乘坐 5 人,最高车速为 150 km/h,采用高性能锡氢基合金为主的氢吸附材料储存的氢气为燃料,体积更小、质量更轻,一次充满氢气的续驶里程可达 300 km。装置丰田汽车公司研发的高性能(Polymer Electrolyte Fuel Cell)燃料电池发动机(额定功率 90 kW),装备镍氢电池为辅助电源,功率为 21 kW。燃料电池与辅助电池共同组成"电－电"电力耦合平台。永磁同步电动机的输出功率为 80 kW,带动汽车前轮行驶。

4. FCHV4 燃料电池 SUV

FCHV4 – SUV 是采用丰田汽车公司的 Kluger – V – SUV 底盘改装的燃料电池 SUV,可以乘坐 5 人,最高车速 150 km/h,采用 34 L、25 MPa 高压氢气为燃料,一次充满氢气的续驶里程可达 250 km。装置丰田汽车公司研发的高性能聚合物电解质燃料电池发动机(功率

90 kW），装备镍氢电池为辅助电源，燃料电池与辅助电池共同组成"电–电"电力耦合平台。永磁同步电动机的输出功率为 80 kW，带动汽车前轮行驶。采用以 CO_2 为制冷剂的空调系统，能量消耗降低 15%。

5. FCHV Bus 1、FCHV Bus 2 燃料电池大客车

丰田汽车公司与日野汽车公司联合研发的 FCHV Bus 1 燃料电池大客车，采用 25 MPa 的高压氢气为燃料；FCHV Bus 2 燃料电池大客车，采用 35 MPa 的高压氢气为燃料，5 个高压氢气瓶装于车顶后部。装备丰田汽车公司研发的燃料电池发动机，FCHV Bus 1 的燃料电池发动机的功率为 95 kW；FCHV Bus 2 的两台燃料电池发动机各自的功率为 90 kW。辅助电源为一组镍氢电池组，电压为 288 V、容量为 4×6.5 A·h，FCHV Bus1 的驱动电动机功率为 90 kW，FCHV Bus 2 的两台轮边电动机的功率为 2×80 kW。

五、本田汽车公司的 FCX 系列燃料电池汽车

本田汽车公司的 FCX 系列燃料电池汽车经过几代 FCX 的研发，已有多款车型。其以超级电容为辅助电源的结构，在研发过程中使燃料电池汽车的性能不断地提高。

1. 本田汽车公司的 FCX – V1 型燃料电池汽车

本田汽车公司的 FCX – V1 型燃料电池汽车，只能乘坐 2 人，采用金属氢化物吸附的氢气为燃料。装置 Ballard 公司的 60 kW 的质子交换膜燃料电池，采用镍氢动力电池组为辅助电源，其驱动电动机的功率为 49 kW。

2. 本田汽车公司的 FCX – V2 型燃料电池汽车

本田汽车公司的 FCX – V2 型燃料电池汽车，只能乘坐 2 人，采用甲醇经过改质产生的氢气为燃料。装置本田公司自行研发的 60 kW 的质子交换膜燃料电池，采用镍氢动力电池组为辅助电源，其驱动电动机的功率为 49 kW。

3. 本田汽车公司的 FCX – V3 型燃料电池汽车

本田汽车公司的 FCX – V3 型燃料电池汽车，可乘坐 4 人，总质量为 1 750 kg，最高车速为 130 km/h，续驶里程为 180 km，采用 25 MPa、100 L 的高压氢气为燃料，装置 Ballard 公司 62 kW 的质子交换膜燃料电池，质子交换膜燃料电池的最大功率为 70 kW，采用超级电容组为辅助电源，驱动电动机的功率为 49 kW。

4. 本田汽车公司的 FCX – V4 型燃料电池汽车

本田汽车公司的 FCX – V4 型燃料电池汽车，可乘坐 4 人，总质量 1 740 kg，最高车速为 140 km/h，续驶里程为 315 km，采用 137 L、35 MPa 的高压氢气为燃料，装置 Ballard 公司 78 kW 的质子交换膜燃料电池。采用超级电容器组为辅助电源，其驱动电动机的功率为 60 kW。

5. 本田汽车公司的 FCX 型燃料电池汽车

本田汽车公司的 FCX 型燃料电池汽车，可乘坐 4 人，总质量为 1 680 kg，最高车速为 150 km/h，续驶里程为 395 km，采用 156.6 L、38 kg、35 MPa 的高压氢气为燃料，装置本田公司研发的 78 kW 高效率和高性能的质子交换膜燃料电池，采用大容量的超级电容器组

为辅助电源，采用永磁同步电动机的功率为 60 kW，最大功率达到 80 kW，最大转矩 272 N·m，如图 5.15 所示。

图 5.15　本田汽车公司的 FCX 型燃料电池汽车

巩固提高

1. 什么是燃料电池电动汽车？为什么认为它是电动汽车发展的终极目标？
2. 为什么目前纯燃料电池电动汽车应用还较少？
3. 燃料电池电动汽车动力系统的基本组成有哪些，各有何作用？
4. 简述燃料电池电动汽车的关键技术。
5. 你认为我国燃料电池电动汽车的发展前景如何？

项目六

其他清洁能源汽车

通过本项目的学习，学生能够了解新型清洁能源汽车的概念，掌握清洁能源汽车的类型、组成、原理和特点等，熟悉不同种类汽车的维护与保养，并对气体燃料汽车、生物质燃料汽车、太阳能汽车等有基本的认知。

随着能源危机的加深和人们日益增强的环保意识，车用清洁代用燃料引起人们越来越多的关注。随着科技的发展，寻找清洁的代用燃料，可以有效缓解我国的柴油短缺局面，改善柴油机的排放。近几年，新能源汽车已经衍生出很多新型的能源汽车。

任务一　气体燃料汽车

气体燃料汽车又称为燃气汽车，主要分为液化石油气汽车和天然气汽车两种。根据汽车使用可燃气体的形态不同可分为三种：压缩天然气 CNG（Compressed Natural Gas），主要成分为甲烷；液化天然气 LNG（Liquefied Natural Gas），主要成分是甲烷，经深度冷冻液化；液化石油气 LPG（Liquefied Petroleum Gas），主要成分是丙烷和丁烷的混合物。燃气汽车的发动机在燃料供应系统、工作循环的参数、配气机构参数等方面，针对燃气的物化特性进行了专门设计，因此，燃料的热效率高、经济性好。

两用燃料燃气汽车——具有两套燃料供应系统（其一为 CNG 或 LPG），燃气和燃油两种燃料之间可以进行切换的一类车辆，不能同时使用两种燃料。与单一燃料汽车相比，由于要兼顾两种燃料的物化特性，发动机结构参数几乎不做改造，一般是在用车的改装，因此燃烧效率低。

双燃料燃气汽车——燃用 CNG 或 LPG 与汽油（柴油）混合燃料的汽车。双燃料汽车保留汽油、柴油的供油系统，外加一套供气系统，技术较为成熟；专用气体燃料汽车可以充分发挥天然气理化性能特点、价格低、污染少，是最清洁的汽车。

（1）燃气汽车是清洁燃料汽车。天然气汽车的排放污染大大低于以汽油为燃料的汽车，尾气中不含硫化物和铅，一氧化碳降低 80%，碳氢化合物降低 60%，氮氧化合物降低 70%。

CO_2 减少 20%~30%，噪声降低 40%，尾气中不含硫化物、铅和苯，大大减轻了对环境的污染，故称为"洁净能量"，因此，许多国家已将发展天然气汽车作为一种减轻大气污染的重要手段。

（2）抗爆燃性好，辛烷值达 103~110，远高于汽油，有利于增大燃气压缩比，提高发动机的动力性能。

（3）天然气汽车经济性好。天然气的价格比汽油和柴油低得多，燃料费用一般节省 50% 左右，使营运成本大幅降低；燃料以气态进入气缸，燃烧较充分，热效率高，运行平稳、噪声低、积炭少，不需经常更换机油和火花塞，可使发动机的大修期延长 30%~40%，使润滑油更换周期延长 50%，降低了维护费用和运行成本。

（4）比汽油汽车更安全。与汽油相比，压缩天然气本身就是比较安全的燃料。这表现在：燃点高，天然气燃点在 650 ℃以上，比汽油燃点（427 ℃）高出 223 ℃，所以与汽油相比不易点燃；密度低，与空气的相对密度为 0.48，泄漏气体很快在空气中散发，很难形成遇火燃烧的浓度；爆炸极限窄，仅 5%~15%，在自然环境下，形成这一条件十分困难；释放过程是一个吸热过程，当压缩天然气从容器或管路中泄出时，泄孔周围会迅速形成一个低温区，使天然气燃烧困难。

另外，设计上考虑了严密的安全保障措施。对高压系统使用的零部件，安全系数均选用 1.5~4 以上，在减压调节器、储气瓶上安装有安全阀，控制系统中，安装有紧急断气装置；储气瓶出厂前要进行特殊检验。气瓶经常规检验后，还需充气做火烧、爆炸、坠落、枪击等试验，合格后方能出厂使用。

❄ 一、气体燃料汽车的组成及工作原理

天然气发动机零部件结构包括燃气供给系统、增压压力控制系统、点火控制系统等，其他还包括传感器和电子控制模块。

燃气供给系统：储存、输送、清洁燃料，根据发动机不同工况的要求，配制一定数量和浓度的可燃混合气送入气缸，保证发动机的动力性、经济性和排放达标。

进气控制系统：进气系统不仅要对空气进行过滤、计量，为了增大进气量而提高发动机的功率，还必须对进气实施各种电子控制。提供一个和发动机负荷相应的可变的进气增压压力，而增压器的废气旁通阀可以通过释放涡轮处的排气压力来减小增压压力，这通过一个膜片推动杠杆来完成。

点火控制系统：功能及原理和汽油机的点火控制系统相似，ECU 通过各种传感器信号判定发动机的工况，并进行通电时间控制、点火提前角控制和爆燃控制。

高压的压缩天然气从储气钢瓶出来，经过天然气滤清器过滤后，经高压电磁阀进入高压减压器，高压电磁阀的开合由 ECM 控制，高压减压器的作用是将高压的压缩天然气（工作压力 200~300 bar①）经过减压加热将压力调整至 7~9 bar。高压天然气在减压过程中由于减压膨胀，需要吸收大量的热量，为防止减压器结冰，从发动机将发动机冷却液引出到减压

---

① 巴，1 bar = 100 kPa。

器对燃气进行加热。经减压后的天然气进入电控调压器，电控调压器的作用是根据发动机运行工况精确控制天然气喷射量。天然气与空气在混合器内充分混合，进入发动机缸内，经火花塞点燃进行燃烧，火花塞的点火时刻由 ECM 控制，氧传感器即时监控燃烧后的尾气的氧浓度，推算出空燃比，ECM 根据氧传感器的反馈信号和控制 MAP 及时修正天然气喷射量。

天然气发动机电子控制系统可以精确地控制进入发动机气缸内的空气和燃油的混合比、燃烧过程，以达到优化发动机性能，改善汽车驾驶性能，并且更加严格地控制汽车所排出的废气对于空气的污染。其工作原理如图 6.1 所示。

✿ 二、气体燃料供给系统的组成及工作原理

CNG 发动机燃料控制系统由储气瓶、高（低）压电磁阀、减压器、燃气滤清器、热交换器、节温器、燃料计量阀、混合器等部件组成。

LNG 发动机燃料控制系统由储气瓶、电磁阀、稳压器、燃气滤清器、热交换器、节温器、燃料计量阀、混合器等部件组成。图 6.2 所示为潍柴 LNG 发动机燃气供给系统。

燃料供给系统的作用：

压力管理，将气瓶中的高压转换为混合器前极低的压力。

温度控制，极低温度的燃气将冻结管路和部件，燃料控制系有效加热并控制燃气温度在合理范围内。

供气控制，燃料计量阀上装有压力和温度传感器，给 ECU 提供稀燃燃烧需要的燃气温度和压力信息，精确控制喷嘴喷射量。同时，高压燃气需要电磁阀控制燃气的开断。

气瓶是作为一种用以替代客车油箱盛装、储存、供给燃料（液化天然气），并且可以多次重复充装的低温绝热压力容器。

1. 储气瓶

CNG 储气瓶结构比较简单，主要采用无缝钢质气瓶，如图 6.3 所示。储气压力一般为 20 MPa，容量有 40 L/45 L/50 L 三种规格，可充入 8 m³、9 m³、10 m³。气瓶上装有安全阀，其内装有 100 ℃ 的易熔合金和 26 MPa 的爆破片。当气瓶内气体压力、温度超过上述数值时会自动放气。出厂前都要经过严格的安全检验，包括静水压力爆破试验、压力循环试验、耐火试验、坠落试验和枪击试验。

LNG 储气瓶主要结构是双层容器，内胆能够承受一定的压力用来储存和供给低温液态的液化天然气。在内胆外壁缠绕由玻璃纤维纸和光洁的铝箔组成的多层绝热材料，多层材料在高真空条件下具有热导率低、隔热性能高、质量轻的特点。

外壳主要用来与内胆形成夹层空间（两层容器之间的空间）和把内胆支撑起来的作用。

夹层空间被抽成高真空与多层绝热材料共同形成良好的绝热系统，用以延长液化天然气的储存时间。

外壳和内胆之间设置支撑系统将内胆外壳合理固定。支撑系统的设计能够承受车辆在行驶时所产生的加速、减速，运行时的振动。

气瓶所有的外部管路、阀件都设置在气瓶的一端，并用保护环或保护罩进行防护。阀门系统的设置能够满足液化天然气的充装和供给，图 6.4 所示为 LNG 储气瓶外形。

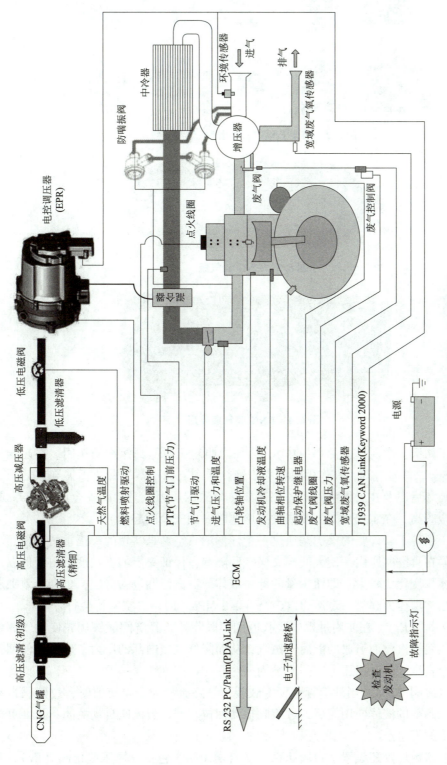

图 6.1 增压 CNG 发动机工作原理图

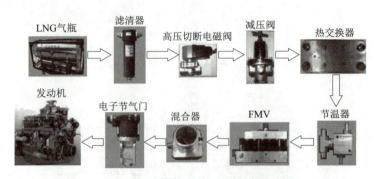

图 6.2　潍柴 LNG 发动机燃气供给系统

图 6.3　CNG 储气瓶

图 6.4　LNG 储气瓶外形

内胆设置了两级安全阀（管路系统中），会在内胆超压时起到保护的作用。在超压情况下主安全阀（Svp）首先打开，其作用泄放由于绝热层和支撑正常的漏热损失导致的压力上升、或真空遭破坏后以及在失火条件下的加速漏热导致的压力上升。副安全阀（Svs）的压力设定比主安全阀高，在主安全阀失效或发生堵塞时，副安全阀起动。

在夹层超压条件下，外壳的保护是通过一个环形的真空塞来实现的。正常情况下，真空塞被大气压压紧在真空塞座内，使大气与夹层空间隔绝，保证夹层的真空度。由于低温液体或蒸汽受热后体积变化比较大，即使少量的低温液体或蒸汽泄漏进入夹层，也会导致夹层压力迅速升高。当夹层压力超过一定压力（0.15～0.2 MPa）时，真空塞将会打开泄压。

设置了经济阀（Er），在使用过程中（长时间停驶除外）经济阀能够优先使用气瓶内胆顶部由于自然蒸发被汽化而形成的天然气蒸汽，从而降低气瓶内部的压力，使正在使用气瓶的压力不会升至安全阀的开启压力，因而不用放空。

还设置了过流阀（Ef），当外部管路发生破裂，管路流量大于设定值时，过流阀自动关闭；当关闭过流阀前的液体使用阀后，过流阀自动回位。通过过流阀自动关闭，从而可以有效避免次生危险的发生。

除此之外，多数厂家还设置了自增压系统。自增压系统包括：增压截止阀（Pv）、升压调节阀（PBr）、自增压盘管（Pr）及相应的管路。该系统能够保证且稳定地提供气瓶的正常供液压力和流量的要求，仅仅通过与空气进行热交换，而不需额外的能源。稳定的压力是通过调节升压调节阀来控制的，当气瓶顶部的压力低于升压调节阀设定的压力（也就是系统需要的压力）时，液化天然气通过增压截止阀和升压调节阀后进入自增压盘管与空气进行热交换，液体变成蒸汽回到气瓶的顶部。由于液化天然气的液气比较大，因此使得压力升高。当压力等于升压调节阀的压力后，升压调节阀自动关闭，气瓶压力不再继续升高。

图 6.5 所示为陕汽德龙重卡储气瓶所配备的各种阀。

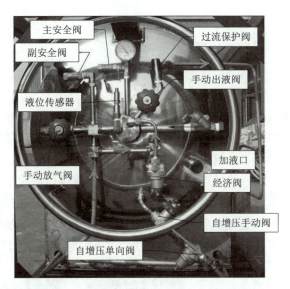

图 6.5　陕汽德龙重卡储气瓶所配备的各种阀

2. 燃气滤清器

燃气滤清器分为高压滤清器和低压滤清器，能过滤掉燃气中 0.3 ~ 0.6 μm 以上的杂质，确保进入气缸等元件的燃气清洁。

安装滤清器时注意放水口朝下，进出气口不能装反。每隔 3 000 ~ 5 000 km 放一次水，并且定期更换滤芯。图 6.6 所示为潍柴天然气发动机的燃气滤清器。

3. 减压器（稳压器）

减压器（稳压器）的工作原理为通过压力膜片克服弹簧阻力，带动杠杆，调整节流孔的流通面积，从而控制减压后的天然气压力。其作用是通过节流和加热，使储气罐中高压的压缩天然气减压至 7 ~ 9 bar 的低压天然气。图 6.7 所示为潍柴天然气发动机减压阀单体。

图 6.6　潍柴天然气发动机的燃气滤清器　　　图 6.7　潍柴天然气发动机减压阀单体

项目六　其他清洁能源汽车

125

安装减压器（稳压器），进出气口不能装反。应定期检查阀芯、膜片及密封件。

4. 热交换器

天然气由液态变为气态导致燃气温度大幅降低，通过发动机的冷却液给天然气进一步加热，可防止进入燃料计量阀前的燃气结晶，以免影响燃料计量阀性能。换热器多采用交叉流结构以避免因燃气过冷和冷却液过热时导致的热冲击。应安装在靠近发动机进气管和振动较小的位置，但不应直接安装在发动机上。安装位置不能高于发动机散热器顶部，否则会导致加热水不能流经减压器，导致减压器结冰冻裂。

新一代的热交换器大多和减压阀等做成一个元件，图 6.8 所示为玉柴天然气发动机带有加热装置的减压阀，其上面有发动机冷却液的进出接口和天然气温度传感器。图 6.9 所示为潍柴天然气发动机的减压器，包括减压阀、加热器和高压切断电磁阀。减压器有一个压力反馈管（平衡管、压力补偿管）与进气管连接，目的是根据工况控制调压器出口压力。

图 6.8　玉柴天然气发动机带有加热装置的减压阀

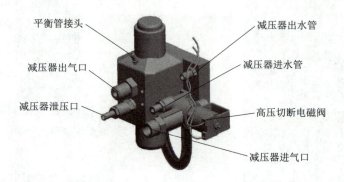

图 6.9　潍柴天然气发动机的减压器

5. 节温器

节温器也叫调温器，其作用是保持出口燃气在 0 ~ 40 ℃，因为当燃气出口温度 > 60 ℃

时，燃气会变得稀薄，导致燃气流量减少。一般情况下，燃气温度超过 40 ℃，30 s 内；燃气温度低于 10 ℃，30 s 节温器开启，冷却液进入热交换器内，燃气又得到加热。

节温器的开启与关闭受燃气温度控制，冷却液的进口与出口不能接反，进口处有"IN"标记，出口处有"OUT"标记。图 6.10 所示为潍柴 LNG 发动机节温器。

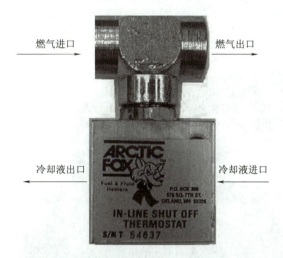

图 6.10　潍柴 LNG 发动机节温器

6. 燃气喷射（计量）阀（FMV）

电控单元根据发动机运行工况调整燃气计量阀喷嘴电磁阀的占空比，控制燃气喷射量，保证发动机在设定的空燃比下运行。图 6.11 所示为上柴 LNG 发动机的燃气计量阀，上面集成了低压截止阀、燃气压力传感器（NGP）和燃气温度传感器（NGT）。喷射阀的数量根据发动机型号配置 6～12 个。经热交换器和节温器后加热到合适的温度范围，进入燃气喷射阀。依次流经阀体上的压力及温度传感器，然后经过喷嘴进行流量控制，最后从出口流出。

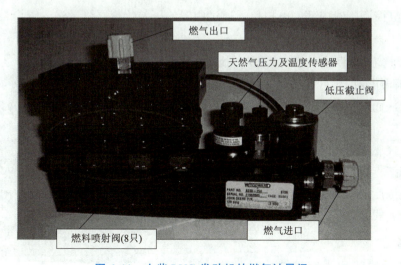

图 6.11　上柴 LNG 发动机的燃气计量阀

7. 电控调压器（EPR 阀）

电控调压器是一个连续流量燃气供给装置，由一个内置微处理器控制的大功率快速执行器驱动，将经过一级减压后的天然气压力降到系统所需压力，并可在一定范围内精确控制燃气出口压力，使发动机在目标空燃比下运行。另外，在一级减压器和电控调压器之间装有低压燃气切断阀，必要时 ECU 可通过该阀切断燃料的供给。图 6.12 所示为电控调压器。

图 6.12　电控调压器

一方面，电控调压器内部的电控单元通过内置的压差传感器测量进入混合器的空气与燃气的压力差，并将其传给 ECU；另一方面，电控调压器接收 ECU 发出的压差指令，执行器通过驱动调压器的膜片调节进入混合器的燃气压力，从而使实际压差与指令压差相符，实现燃气供给的闭环控制。在电控调压器内还配有干式燃气温度传感器，用于压差指令的温度修正，以提高控制精度，可以保证各缸混合气浓度的均匀性，有利于发动机采用稀薄燃烧方式。

8. 混合器

混合器采用喉管和十字叉结构，天然气从小孔中进入混合器，如图 6.13 所示。

图 6.13　混合器

将天然气和中冷后的空气充分混合，使燃烧更充分、柔和，有效降低 NO_x 排放和排气温度。

✳ 三、天然气发动机进气控制系统的组成及工作原理

为了使发动机和增压器更合理的匹配，在较宽的转速范围内改善发动机的性能，新一代的天然气发动机在进气系统中采用了电控可调增压装置，实现对进气压力的闭环控制。天然气发动机进气控制系统主要由气流控制系统和气流计量系统组成，气流控制系统包括电子节气门、增压器、废气旁通控制阀、废气旁通阀、防喘振阀、加速踏板位置传感器等，如图 6.14 所示。

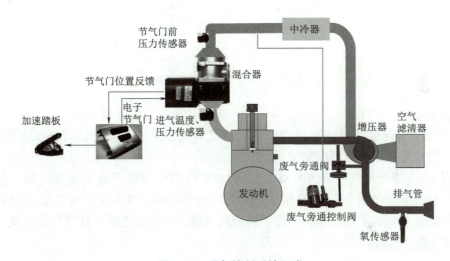

图 6.14　进气控制系统组成

气流计量系统的工作原理为 ECU 根据传感器信号计算空气流量，进而确定需要供给发动机的燃料量。气体速度和密度是 ECU 估算的主要依据。通过进气歧管压力 MAP 和进气温度 MAT 以及发动机转速，ECU 能够估算出进入发动机的进气量，ECU 通过节气门前和涡轮增压器前的压力传感器估算出天然气抵偿的空气体积，以及冷却液温度带来的影响。气流计量系统包括节气门前压力传感器、节气门后进气压力温度传感器、进气压力温度传感器和氧传感器。

1. 电子节气门

电子节气门是最重要的进气流量控制装置，ECU 不断测量位置传感器的反馈信号，通过 PWM 信号控制节气门，从而直接控制发动机动力输出。

电子节气门一般采用多个位置反馈传感器（通常用双向纠错电位计或霍尔传感器）来进行调速，以增加安全性和冗余检查。其内部电路图如 6.15 所示。

根据 ECU 的指令，电子节气门有三种工作状态：

（1）当发动机速度低于怠速目标值时，ECU 进行怠速控制，即控制节气门开度位置，保持发动机速度在怠速目标值附近。

（2）当发动机速度超过最大额定转速时，ECU 限制节气门开度位置，即速度越高节气

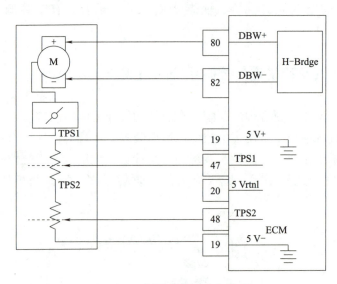

图 6.15　电子节气门内部电路

门开度位置越小。

（3）当发动机速度在怠速和最大额定转速之间时，节气门开度位置直接由踏板控制，即节气门开度位置随踏板位置同步变化。

每 1 万 km（视当地气体清洁度而定），检查节气门内部是否有明显的油污，若有，则需用节气门清洗剂清洗节气门碟阀部分，清洗后用干压缩空气吹干。清洗后，用手按压碟阀，检查碟阀运动有无卡滞、是否回位，若出现卡滞，则需要更换电控节气门总成。

2. 废气旁通控制阀

ECU 根据各种传感器传来的数据，控制着电子节气门和废气旁通阀，通过控制废气旁通控制阀的占空比，控制着涡轮增压器废气旁通控制膜片上的压力，也就控制了废气经过旁通阀的流量，从而控制发动机的增压压力，如图 6.16 所示。采用该技术能有效提升发动机低速扭矩。

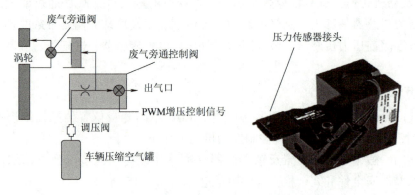

图 6.16　废气旁通控制阀工作原理及零件实物图

3. 防喘振阀

当发动机突然减速时，由于节气门关闭，增压器出口至节气门间的压力会迅速升高，导致增压器剧烈振动，这种现象叫喘振。为了避免这种现象发生，在增压器出口和入口之间并联一个防喘振阀，如图6.17所示。防喘振阀共有三个接口，两个直径大的接口分别连接增压器入口和增压器出口，较细的通气软管和进气歧管压力相通。当节气门突然关闭时，通气软管将节气门后的低压压力传递到防喘振阀压力反馈接头上，打开喘振阀单向截止膜片，使增压器压气机前后压力平衡，避免增压器喘振，保护增压器。

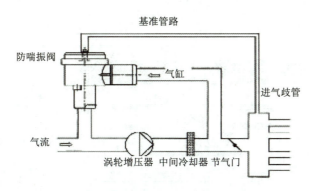

图6.17 防喘振阀工作原理

4. 节气门前压力传感器

节气门前压力传感器是一种压力－电压转换器，安装在涡轮增压器与混合器之间的进气管路上。它用来测量节气门之前的增压空气压力。压力值和其他的传感器信号一起确定节气门的气流速率同时被用于增压压力控制。

5. 节气门后进气压力温度传感器

节气门后进气压力温度传感器安装在电子节气门下游的进气管上，尽可能让传感器温度、压力探头置于混合气气流中。通过测量中冷后的压力、温度，结合发动机转速、排量、充气效率，利用速度密度法即可计算出混合气流量。

6. 进气压力温度传感器

进气压力温度传感器是进气歧管压力传感器，被用来测量进入发动机气缸前的进气歧管内的压力。测量的压力结合其他的测量值用来确定发动机的空气流量，从而确定燃料流量。进气温度传感器是一个热敏电阻，安装在发动机进气管上。它通过监测进入和排出的空气温度，与其他传感器相结合来确定进入和排出发动机的空气流量。

7. 宽域氧传感器

由于天然气发动机大多采用了稀薄燃烧技术，其尾气中氧离子的浓度较高，一般的开关型氧传感器无法准确测量氧离子的浓度。宽域排气氧（UEGO）传感器，能够连续地检测出尾气中的氧含量，可用于稀薄燃烧应用中，以确定进口处的空燃比。UEGO传感器比标准的开关式传感器要复杂得多。

宽域氧传感器是以普通的加热、开关型二氧化锆氧传感器为基础扩展而成的，其结构主要包括氧浓度差电池、泵电池、扩散室、参考室和加热器等，如图6.18所示。废气通过扩散孔进入扩散室（称"取样废气"），若扩散室中取样废气的氧浓度和参考室中空气的氧浓度不同，氧浓差电池的两电极（电极C、D）间会产生氧浓度差电池电压（即Nernst电压）。

氧化锆型氧传感器有一特性，即当氧离子移动时会产生电动势，反之，若将电动势加在氧化锆组件上，会造成氧离子的移动。根据此原理，通过宽域氧传感器的控制器（内置于发动机控制单元 ECU 中）改变泵电压的大小和方向，从而改变宽域氧传感器中氧离子的扩散方向和速率（泵入或泵出扩散室），使氧浓度差电池输出电压维持在 0.45 V。

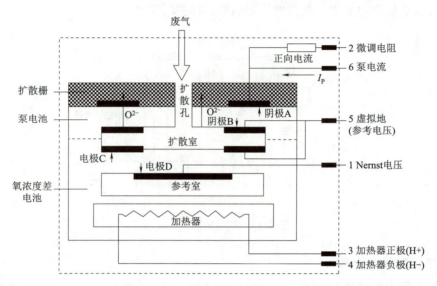

图 6.18　宽域氧传感器结构示意图

8. 大气环境传感器

作用：通过测量进气压力、温度、湿度，并根据所测得的湿度、压力来修正实际控制空燃比和天然气供给量，使发动机运行在最佳状态。

安装要求：该传感器要求安装在空气滤清器和增压器之间的空气管路上，为保证环境传感器测量值正确，安装时必须保证传感器底面 4 个湿度测量小孔不被挡住，并且该传感器温度、压力探头必须置于气流中以测量正确值。

大气环境传感器是汽车电控发动机的一个气体传感器部件，它通过测量进入发动机气缸气体的进气压力、温度和湿度将信号传输给 ECU 部件，通过 ECU 综合其他传感器数据来对空燃比值进行修正。大气环境传感器一般安装在空气滤清器和空气增压器之间的管路上。若发动机曲轴箱通风口引至增压器前的空气管路上，环境传感器必须安装在曲轴箱通风口上游，以免污染传感器探头。

四、天然气发动机电子控制系统

国内使用的电控天然气控制系统，目前主要分为两大供应商：一个是美国 Econtrols，另一个是美国伍德沃德。重汽、玉柴主要装备 Econtrols 系统，潍柴主要装备伍德沃德系统。

图 6.19 所示为美国 Econtrols CNG 电子控制系统的组成，图 6.20 所示为伍德沃德 LNG 电子控制系统的组成。

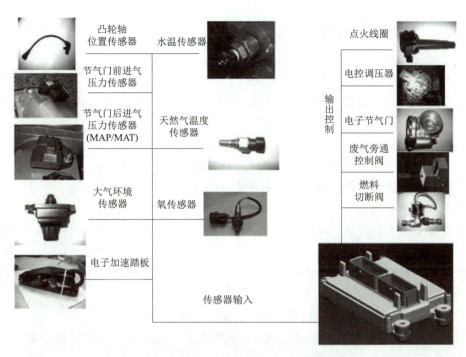

图 6.19　Econtrols CNG 电子控制系统的组成

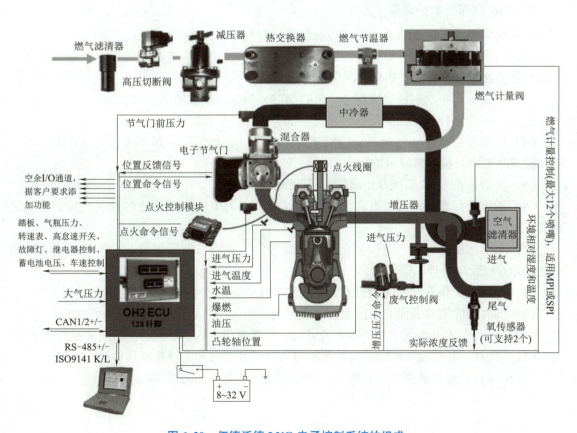

图 6.20　伍德沃德 LNG 电子控制系统的组成

❄ 五、天然气汽车使用与维护

1. CNG 汽车安全使用规则

（1）严格执行加气安全操作规程。气瓶加气，压力不得高于 20 MPa。使用的天然气应做净化处理，符合车用天然气气质标准。

（2）严禁在装置有故障和系统存在漏气的情况下燃气运行。

（3）在拆装有关高压零部件时，应避免不安全操作。开启瓶阀，人不得站在气瓶阀口的正面，截止阀应缓慢开启，通气后逐渐开大，防止冲击表阀及其他零件。

（4）严禁用火检查漏气。

（5）驾驶室及车辆附近，不得使用明火，应随时检查是否有天然气泄漏，驾驶室内严禁全封闭状态吸烟。

（6）行车时避免气瓶及管线与障碍物撞击，发现供气系统有漏气现象应及时排除，并换用汽油燃料。

（7）车辆停止行驶时，应停放在阴凉处，防止日光暴晒。

（8）保养车辆时，气瓶、减压阀、管线等严禁敲击、碰撞。充气气瓶与明火距离不得小于 10 m。

2. CNG 汽车的维护保养

CNG 装置的维护保养应结合汽车各级保养同时进行。

（1）每次出车前，应检查各零件的紧固情况，及时处理松动的紧固件，检查气质、管线及各连接处是否有泄漏，如有泄漏应及时处理。

（2）每月检查一次高压管线滤芯、电磁阀芯、调整各级减压阀压力。

（3）半年全面检修减压阀及供气系统一次，损坏件应及时更换。

（4）按国家劳动局《气瓶安全监察规程》规定，天然气钢瓶两年进行一次检测，不合格者应及时更换，检验后填写检测卡。

（5）经常保持 CNG 系统及空滤器芯子的清洁、完整。

（6）因维护保养发动机须拆卸天然气管线时，应用干净棉布堵住各接头，以免异物进入损坏减压器阀口。

（7）车辆维护保养时，应检查充气阀、减压器、管线卡箍紧固情况。发现松动，卡箍掉缺、无效应及时处理。

（8）车辆维护保养时，应用扭力扳手测量，检查钢瓶安装紧固情况是否符合要求。

（9）随时清除钢瓶表面上的污泥，以免影响钢瓶阀门、安全防爆阀的技术性能。

（10）只有在放出系统中的气体并关闭气瓶所有阀门之后，才能对燃气装置进行维修。

（11）凡高压系统发生故障，驾驶员不得自行拆卸、改动、修理、调整减压器等。

（12）按有关规定和要求认真填写、保管压缩天然气汽车的有关技术资料。

任务二　生物质燃料汽车

随着能源危机的加深和人们日益增强的环保意识，车用清洁代用燃料引起人们越来越多的关注，世界各国都在加紧研究开发新型的环保能源。中国是能源消费大国，随着经济的发展和社会的进步，矿物质能源尤其是石油能源的消费迅速增长，能源已成为制约经济迅速发展的瓶颈。缓解我国的柴油短缺局面和改善柴油机的排放，在现有的技术条件和经济条件下，寻找清洁的代用燃料是最有效的方法之一。

生物质能是以生物质为载体的能量，即通过植物光合作用把太阳能以化学能形式在生物质中存储的一种能量形式。碳水化合物是光能储藏库，生物质是光能循环转化的载体，生物质能是唯一可再生的碳源，它可以被转化成许多固态、液态和气态燃料或其他形式的能源，称为生物质能源。生物质能源是一种可再生能源，其消耗量居第 4 位，排在石油、煤炭和天然气之后。

当前最受人们关注的生物质燃料主要是乙醇和生物柴油。乙醇是一种无色澄清液体、易流动、易燃烧的含氧生物燃料，可以从粮食及植物中提取，是一种可再生的生物能源。乙醇又是一种清洁燃料，汽车掺烧乙醇可以大幅降低一氧化碳及微粒的排放。

生物柴油是由各种油脂通过酯化反应制得的，生物柴油的原料很多，大豆和油菜籽等油料作物、油棕和黄连木等油料林木果实、工程微藻等油料水生植物以及动物油脂、废餐饮油等都可作为制取生物柴油的原料。它既可以单独作为发动机的燃料，又可作为一种燃料添加剂使用。发动机燃用含有生物柴油的燃料时，可以大幅降低污染物的排放。

因此开发乙醇燃料、生物柴油等替代燃料，对缓解石油短缺和汽车对大气环境的污染，实现可持续发展战略具有重大意义。

❄ 一、乙醇在汽车上的应用

车用乙醇汽油是指在汽油组分油中，按体积比加入一定比例（中国暂按 10%）的变性燃料乙醇混配而成的一种新型清洁车用燃料。在汽油中加入 10% 的变性乙醇，可使汽油辛烷值（汽油标号如 90#、93# 等）提高 3%，氧含量增加 3.5%，大大改善了汽油的使用性能，燃烧更彻底，是一种节能环保型燃料。

乙醇汽油的特性和优点：第一，它增加汽油中的氧含量，使燃烧更充分，彻底有效地降低了尾气中有害物质的排放。车用乙醇汽油含氧量达 35%，使燃料燃烧更加充分，据国家汽车研究中心所做的发动机台架试验和行车试验结果表明，使用车用乙醇汽油在不进行发动机改造的前提下，动力性能基本不变，尾气排放的 CO 和 HC 化合物平均减少 30% 以上，有效地降低和减少了有害尾气排放；第二，有效提高汽油的标号，使发动机运行平稳。可采用高压缩比提高发动机的热效率和动力性，加上其蒸发潜热大，可提高发动机的进气量，从而提高发动机的动力性；第三，减少积炭。车用乙醇汽油中加入的乙醇是一种性能优良的有机溶剂。具有良好的清洁作用，能有效地消除汽车油箱及油路系统中燃油杂质的沉淀和凝结（特别是胶质胶化现象），具有良好的油路疏通作用。有效消除火花塞、气门、活塞顶部及排气管、消声器部位积炭的形成，可以延长主要部件的使用寿命。第四，使用方便。乙醇常温下为液体，操作容易，储运使用方便，与传统发动机技术有继承性，特别是使用乙醇汽油混合燃料时，发动机结构基本无变化。

乙醇汽油缺点：第一，热值低。同样体积的乙醇，其能量只有汽油的2/3，当它与汽油进行混合时，实际上降低了燃料的含热量。因此，同样加满一箱油，混合乙醇的汽油只能行驶更少的里程。第二，蒸发潜力大。乙醇的蒸发潜热是汽油2倍多，蒸发潜热大会使乙醇类燃料低温起动和低温运行性能恶化，如果发动机不加装进气预热系统，燃烧全醇燃料时汽车难以起动，但在汽油中混合低比例的乙醇，由燃烧室壁供给液体乙醇以蒸发热，蒸发潜热大这一特点可成为提高发动机热效率和冷却发动机的有利因素。第三，易产生气阻。乙醇的沸点只有78 ℃，在发动机正常工作温度下，很容易产生气阻，使燃料供给量降低甚至中断供油。第四，腐蚀性强。乙醇在燃烧过程中，会产生乙酸，对汽车金属特别是铜有腐蚀作用，有试验表明，在汽油中乙醇含量在10%以下时，对金属基本没有腐蚀，但乙醇超过15%时，则必须添加有效的腐蚀抑制剂。第五，与其他材料相容性差。乙醇是一种优良的溶剂，易对汽车密封橡胶及其他合成非金属材料产生一定的轻微腐蚀、容涨、软化或龟裂作用。第六，乙醇汽油对环境要求非常高，非常怕水，保质期短，因此销售乙醇汽油要比普通汽油在调配、储存、运输、销售各环节要严格得多。过了保质期的乙醇汽油容易出现分层现象，在油罐油箱中容易变浑浊，打不着火。

✷ 二、生物柴油在汽车上的应用

生物柴油是指以油料作物如大豆、油菜、棉、棕榈等，野生油料植物和工程微藻等水生植物油脂以及动物油脂、餐饮垃圾油等为原料油通过酯交换工艺制成的可代替石化柴油的再生性柴油燃料。生物柴油是生物质能的一种，它是生物质利用热裂解等技术得到的一种长链脂肪酸的单烷基酯。

生物柴油的特性和优点：

（1）具有优良的环保特性：生物柴油和石化柴油相比含硫量低，使用后可使二氧化硫和硫化物排放大大减少。权威数据显示，二氧化硫和硫化物的排放量可降低约30%。生物柴油不含对环境造成污染的芳香族化合物，燃烧尾气对人体的损害低于石化柴油，同时具有良好的生物降解特性。和石化柴油相比，柴油车尾气中有毒有机物排放量仅为10%，颗粒物为20%，二氧化碳和一氧化碳的排放量仅为10%。

（2）低温起动性能：和石化柴油相比，生物柴油具有良好的发动机低温起动性能，冷滤点达到－20 ℃。

（3）生物柴油的润滑性能比柴油好：可以降低发动机供油系统和缸套的摩擦损失，增加发动机的使用寿命，从而间接降低发动机的成本。

（4）具有良好的安全性能：生物柴油的闪点高于化石柴油，它不属于危险燃料，在运输、储存、使用等方面的优点明显。

（5）具有优良的燃烧性能：生物柴油的十六烷值比柴油高，燃料在使用时具有更好的燃烧抗爆性能，因此可以采用更高压缩比的发动机以提高其热效率。虽然生物柴油的热值比柴油低，但由于生物柴油中所含的氧元素能促进燃料的燃烧，可以提高发动机的热效率，这对功率的损失会有一定的弥补作用。

（6）具有可再生性：生物柴油是一种可再生能源，其资源不会像石油、煤炭那样会枯竭。

（7）具有经济性：使用生物柴油的系统投资少，原用柴油的发动机、加油设备、储存设备和保养设备无须改动。

（8）可调和性：生物柴油可按一定的比例与化石柴油配合使用，可降低油耗，提高动力，降低尾气污染。

<h1 style="text-align:center">任务三　太阳能汽车</h1>

太阳能汽车是太阳能发电在汽车上的应用，它使用太阳能电池把光能转化成电能，电能会在蓄电池中存起备用，用来推动汽车的电动机。如果由太阳能汽车取代燃油车辆，有望完全可以做到零排放。正因为其环保的特点，太阳能汽车被诸多国家所提倡，太阳能汽车产业的发展也日益蓬勃。

✳ 一、太阳能汽车的优势

（1）太阳能汽车无污染、无噪声。因为不用燃油，太阳能电动车不会排放污染大气的有害气体；没有内燃机，太阳能电动车在行驶时听不到燃油汽车内燃机的轰鸣声。

（2）太阳能汽车耗能少，只需采用 $3 \sim 4 \ m^2$ 的太阳电池组件便可使太阳能电动车行驶起来。燃油汽车在能量转换过程中要遵守卡诺循环的规律来做功，热效率比较低，只有 1/3 左右的能量消耗在推动车辆前进上，其余 2/3 左右的能量损失在发动机和驱动链上；而太阳能汽车的热量转换不受卡诺循环规律的限制，90% 的能量用于推动车辆前进。

（3）易于驾驶。无须电子点火，只需踩踏加速踏板便可起动，利用控制器使车速变化。不需换挡、踩离合器，简化了驾驶的复杂性，避免了因操作失误而造成的事故隐患。

（4）太阳能汽车结构简单，除了定期更换蓄电池以外，基本上不需日常保养，省去了传统汽车必须经常更换机油，添加冷却水等定期保养的烦恼。

（5）在都市行车，为了等候交通信号灯，必须不断地停车和起动，既造成了大量的能源浪费，又加重了空气污染，使用太阳能汽车，减速停车时，可以不让电动机空转，大大提高了能源使用效率和减少了空气污染。

✳ 二、太阳能汽车的基本构造

1. 太阳电池方阵

太阳电池方阵是太阳能汽车的能源。方阵是由许多 PV 光电池板（通常有好几百个）组成的。方阵类型受到太阳能汽车尺寸和部件费用等的制约。目前，主要有两种类型的光电池板：硅电池和砷化合物电池。环绕地球卫星使用的太阳电池就是典型的砷化合物电池，而硅电池则更为普遍的为地面基础设备所使用。一般等级的太阳能汽车通常使用硅电池板。许多独立的硅片（接近1 000个）组合形成太阳电池方阵。依靠光伏电源供电动发动机驱动太阳能汽车。这些方阵的通常工作电压在50～200 V，并能提供1 000 W的电力。方阵输出功率的大小受到太阳、云层的覆盖度和温度的影响。超级太阳能汽车也能使用通常类型的太阳能光电板。但更多的是使用太空级光电板，这种板很小，但是比普通的硅片电池板要昂贵得多，然而它们的使用效率非常高。

一般情况下，车子在运动时，被转换的太阳能光被直接送到发动机控制系统。但有时提供的能量要大于发动机需求的电力，那么多余的能量就会被蓄电池储存以备后用。当太阳电池方阵不能提供足够的能量来驱动发动机时，蓄电池内的被储存的备用能量将会自动补充。当然，当太阳能汽车不运动时，所有能量都将通过太阳能光伏阵列储存在蓄电池内，也可以利用一些回流的能量来推动汽车。当太阳能汽车开始减速时，换用通用的机械制动，这时发动机将变成了一个发电机，能量通过发动机控制器反向进入蓄电池内进行储存。回充到蓄电池中的能量是非常少的，但是却非常实用。

2. 电力系统

太阳能汽车的心脏部位就是电力系统，它由蓄电池和电能组成，电力系统控制器管理全部电力的供应和收集工作。蓄电池组就相当于普通汽车的油箱。一个太阳能汽车使用蓄电池组来储存电能以便在必要时使用，太阳能汽车起动装置控制着蓄电池组，但是当太阳能汽车开动后，是通过太阳能阵列提供能量，从而再充到蓄电池组内。

电池组是由几个独立的模块连接起来的，并形成系统所需的电压。比较有代表性的系统电压一般为84～108 V。

3. 电力控制系统

在太阳能汽车里最高级的组件部分就是电力系统。它们包括峰值电力监控仪、发动机控制器和数据采集系统。电力系统最基本的功能就是控制和管理整个系统中的电力。峰值电力监控仪电力来源于太阳能光伏阵列，光伏阵列把能量传递给另外的蓄电池用于储存或直接传递给发动机控制器用于推动发动机。当太阳能光伏阵列正在给蓄电池充电的时候，电池组电力监控仪会保护蓄电池组因过充而被损坏。电池组电力监控仪的号码数值随我们的设计而被使用在太阳能汽车里。峰值电力监控仪是由轻质材料构成的，一般效率能达到95%以上。发动机控制器控制发动机的起动，而发动机起动信号是来自驾驶员的加速装置。对发动机控制器电力管理是通过程序来完成的。发动机的起动需要配备不同型号的发动机控制器，使用的工作效率一般超过90%。很多太阳能汽车使用精确数据检测系统来管理整个太阳能汽车的电力系统，其中包括太阳能光伏阵列、蓄电池组、发动机控制器和发动机。有些时候，我们需要掌控电池的电压和电流。从监控系统获得的数据常常用来判断太阳能汽车的状况，并用来解决太阳能汽车出现的问题。

4. 电动机

在太阳能汽车里使用什么类型的发动机没有限制。大多数太阳能汽车使用的发动机是双线圈直流无刷电动机，这种直流无刷电动机是相当轻质的材料机器，在额定的RPM（每秒转速）达到98%的使用效率。但是它们的价格比普通有刷型交流发动机要贵一些。

三、发展太阳能汽车面临的问题

太阳能汽车真正走进大众生活，还有很多难题需要解决：

（1）太阳能的采集与转换问题。根据一般的材料应用与技术能力，太阳能转换率只能达到20%左右，难以满足汽车高速行驶所需要的足够动力，而7~8 m²的太阳能电池板也能导致车身过大而转动不够灵活，内部空间过于狭小。除此之外，电动机、电控也是太阳能汽车发展的关键技术。用于电动汽车的电动机有很多类型，目前太阳能车用电动机通常有直流电动机、交流诱导电动机、永磁同步电动机三种，其中交流诱导电动机存在效率滑落的缺点，永磁同步电动机目前价格过高，所以目前太阳能车多用直流电动机，而直流电动机的工作效率也有待提高。

（2）造价昂贵。为了使车体轻、速度快，太阳能车普遍采用质轻价贵的航空、航天材料，造价昂贵，所以开发新的、经济的替代材料迫在眉睫。参加2002年太阳能电动车友谊赛的几辆车中，清华大学制作的"追日号"太阳能汽车造价200万元人民币，美国密苏里·罗拉大学的Solar Miner Ⅲ、美国普林学院的"Ra Ⅳ"都是在40万美元以上，这主要是所采用的电池板及所用材料昂贵造成的。以清华大学的"追日号"为例，其采用的电池板是我国第五代产品，太阳能转化率只能达到14%，造价很高，为得到1 W的电量需要花费100元人民币。

（3）汽车公司及石油公司缺少生产推广太阳能汽车的内在需求。因为目前的许多汽车公司都处于高利润期，不愿意投资开发新一代太阳能汽车。某些公司研发太阳能车也多是出于宣传导向和企业形象的考虑，而没有大力发展，投入市场的决心。

要突破科技瓶颈，使太阳能汽车正式走入人们的生活，还需要数十年的时间。但是，太阳能电动车是最清洁、最有发展前景的绿色环保汽车，所以，它的推广还是非常有前景的。

任务四　压缩空气汽车

压缩空气动力汽车（Air Powered Vehicle，APV）通常称为气动汽车。它使用高压压缩空气为动力源，空气作为介质，汽车运行时将压缩空气存储的压力能转化为其他形式的机械能（汽车动能）。以液态空气和液氮等吸热膨胀做功为动力的其他气体动力汽车也应属于气动汽车的范畴。空气动力汽车工作原理与传统汽车最大差别在于汽车动力来源的不同，其发动机的总体结构形式还是可以借鉴传统汽车现有的结构模式，主要还是往复活塞式、旋转活塞式等形式。具体工作原理是：压缩缸吸入外面空气，活塞上升，把空气加压至20~30 MPa，温度上升至400 ℃；储气瓶的高压压缩空气经减压后，通过热交换器吸热，进入作用缸推动负载运动。合理设计通道的压力切换，以及各缸在曲轴上的转角相位关系，将可以获得发动机平稳的动力输出。通过调节进入作用缸的气体压力和流量，可以改变发动机的动力特性。

由法国环保汽车公司MDI（Motor Development International）设计的"空气车"每加一次空气可行驶10 h，适合城市的短途客运和货运。该公司创办人兼发明家内格里，以其设计飞机和一级方程式赛车发动机的经验，发明出完全以压缩空气发动机推动的空气车。空气车最高速度达 110 km/h，平均每加一次空气可行驶 200 km 或 10 h。车上有 4 个总容量 90 L 的压缩空气缸，可储 90 m³ 的空气。由于空气车使用的是压缩空气，为避免损害发动机，所有空气都要先经过滤器过滤沙尘杂质，变作干净空气后才能注入发动机。所以在驾驶空气车的同时，还能帮助清新城市内的废气。

空气车加气过程非常简单，驾驶员可在家中自行加气，只需把空气车上的空气压缩机接到家中电源上，4 h 后便能自动加满气。将来驾驶员也可以去指定的加气站快速加气，MDI 已开发出一种快速充气技术，使气缸可在 3 min 内完成充气，服务费约 1.5 欧元。为减轻车身质量和使车辆速度更快，空气车的车身和车架分别以强化玻璃纤维和铝管制造。为减少汽车的电线质量，内格里特地为空气车设计了一套无线电控制的电力装置系统，只需一条电线便能供电给包括车灯在内的所有电力装置，使电线质量大大减少了 22 kg，车身的总质量为 700 kg。

美国华盛顿大学 1997 年研制了一台以液氮为动力的气动原型汽车。其基本工作原理与压缩空气动力汽车相同，只是动力来源于液态氮受热蒸发后气体膨胀做功。液氮无须使用高压罐储存，安全性较好。但液氮的制取和存储需很低的温度，制氮成本不低，储氮费用较高。使用过程中存在氮气逸气量大、液氮汽化的热交换量也很大等问题。

国内近来也有人提出液态空气动力汽车的设想，但其同样存在液氮气体动力汽车的问题。

巩固提高

1. 汽油机和柴油机改用天然气作燃料时，分别要改动哪些部分？
2. 液化天然气汽车有哪些特点？
3. 醇类燃料汽车如何分类？生物柴油汽车的工作原理是什么？有什么优点？
4. 太阳能汽车由哪些主要部分组成？最大功率点跟踪控制器的作用是什么？

项目七

电动汽车高压安全与使用

学习目标

通过本项目的学习，要求学生能够了解电动汽车充电方式、充电机功能，熟悉电动汽车传导式充电接口、TN 网络原理、现代电动汽车的安全措施、HV（高压）的注意事项以及电动汽车绝缘电阻监测方法，掌握相应的维修规范要求。

学习引入

在电动汽车维修有关高压电操作中，千万不要把自己串入正负极之间构成导电回路，造成触电的严重事故。另外，正或负直流母线与车身意外相连将存在严重的高压电击隐患，一旦人员在车上接触了高压电负极或正极将造成严重电击伤或死亡。因此，认识电动汽车的高压安全知识、了解充电技术和掌握相应的维修规范要求非常重要。

任务一　电动汽车充电技术

✵ 一、电动汽车充电方式

1. 常规充电方式

该充电方式采用恒压、恒流的传统充电方式对电动汽车进行充电。以相当低的充电电流为蓄电池充电，电流大小约为 15 A，若以 120 A·h（例如 360 V，即串联 12 V、100 A·h 共 30 只）的蓄电池为例，充电时间要持续 8 个多小时。相应的充电器的工作和安装成本相对较低。电动汽车家用充电设施（车载充电机）和小型充电站多采用这种充电方式。车载充电机是纯电动汽车的一种最基本的充电设备。充电机作为标准配置固定在车上或放在后备厢里。由于只需将车载充电器的插头插到停车场或家中的电源插座上即可进行充电，因此充电过程一般由客户自己独立完成。直接从低压照明电路取电，电功率较小，由 220 V/16 A 规格的标准电网电源供电。典型的充电时间为 8 ~ 10 h（SOC 达到 95% 以上）。这种充电方式对电网没有特殊要求，只要能够满足照明要求的供电质量就能够使用。由于在家中充电通常是晚上或者是在用电低谷期，有利于电能的有效利用，因此电力部门一般会给予电动汽车用户一些优惠，例如用电低谷期充电打折。

小型充电站是电动汽车的一种最重要的充电方式，充电机设置在街边、超市、办公楼、停车场等处，采用常规充电电流充电。电动汽车驾驶员只需将车停靠在充电站指定的位置上，接上电线即可开始充电。计费方式是投币或刷卡，充电功率一般在 5～10 kW，采用三相四线制 380 V 供电或单相 220 V 供电。其典型的充电时间是：补电 1～2 h，充满 5～8 h（SOC 达到 95% 以上）。

2. 快速充电方式

快速充电方式是指在短时间内使蓄电池达到或接近充满状态的一种方法。该充电方式以 1～3C（C 为充电电池的容量）的大充电电流在短时间内为蓄电池充电。充电功率很大，能达到上百千瓦。该充电方式以 150～400 A 的高充电电流在短时间内为蓄电池充电，与前者相比安装成本相对较高。快速充电也可称为迅速充电或应急充电，其目的是在短时间内给电动汽车充满电，充电时间应该与燃油汽车的加油时间接近。大型充电站（机）多采用这种充电方式。

电动汽车充电设备主要包括充电站及其附属设施，如充电机、充电站监护系统、充电桩、配电室以及安全防护设施等，如图 7.1 所示。

图 7.1　充电站设备

大型充电站（机）的快速充电方式主要针对长距离旅行或需要进行快速补充电能的情况进行充电，充电机功率一般大于 30 kW，采用三相四线制 380 V 供电。其典型的充电时间是：10～30 min。这种充电方式对电池寿命有一定的影响，特别是普通蓄电池不能进行快速充电，因为在短时间内接收大量的电量会导致蓄电池过热。快速充电站的关键是非车载快速充电组件，它能够输出 35 kW 甚至更高的功率。由于功率和电流的额定值都很高，因此这种充电方式对电网有较高的要求，一般应靠近 10 kW 变电站附近或在监测站和服务中心中使用。此外，该充电方式在变电站附近或服务中心中使用，还需采取较为复杂的谐波抑制措施，与前者相比安装成本相对较高，只适合大型充电站使用。

3. 更换电池组充电方式

目前，除了以上两种充电方式外，还可以采用更换电池组的方式，即在蓄电池电量耗尽时，用充满电的电池组更换已经耗尽的电池组。蓄电池归服务站或电池厂商所有，电动汽车用户只需租用电池。电动汽车用户把车停在一个特定的区域，然后用更换电池组的机器将耗尽的蓄电池取下，换上已充满电的电池组。对于更换下来的未充电蓄电池，可以在服务站充电，也可以集中收集起来以后再充电。由于电池更换过程包括机械更换和蓄电池充电，因此有时也称它为机械"加油"或机械充电。电池更换站同时具有一般充电站和快速充电站的优点，也就是说可以用低谷电给蓄电池充电，同时又能在很短的时间内完成"加油"过程。通过使用机械设备，整个电池更换过程可以在 10 min 内完成，与现在的燃油汽车加油时间大致相当。

不过，这种方法还存在不少问题有待解决。首先，这种电池更换系统的初始购置成本很高，其中包括昂贵的机械装置和大量的蓄电池。其次，由于存放大量未充电和已充电的蓄电池需要很多空间，因此修建一个蓄电池更换站所需空间远大于修建一个正常充电站或快速充电站所需的空间。还有，在蓄电池自动更换系统得到应用之前，需要对蓄电池的物理尺寸和电气参数制定统一的标准，所以换电池充电方式最终随电池能量密度的提高会消失。

4. 无线充电方式

无线充电方式包括电磁感应式（见图 7.2）、磁场共振式、无线电波式三种。三种充电方式对比如表 7.1 所示。电动汽车非接触充电方式的研究目前主要集中在感应式充电方式，不需要接触即可实现充电，目前，日产和三菱都有相关产品推出，其原理是采用了可在供电线圈和受电线圈之间提供电力的电磁感应方式，即将一个受电线圈装置安装在汽车的底盘上，将另一个供电线圈装置安装在地面，当电动汽车驶到供电线圈装置上，受电线圈即可接收到供电线圈的电流，从而对电池进行充电。目前这种充电方式的成本较高，还处于实验室研发阶段，其功能还有待时间验证。此外，非接触式充电方式的原理还包括磁共振和微波等，这些技术都被日本厂商垄断。

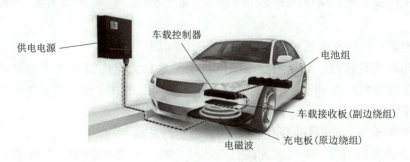

图 7.2 感应式充电示意图

表 7.1　三种无线充电方式比较

方式	电磁感应	磁场共振	无线电波
充电原理	向地面下的初级线圈提供交流电流，线圈产生交变磁场，感应在车底部的次级圈，次级产生交流电流	基本原理与电磁感应相同，只是初级线圈和次级线圈使用同一共振周波，可将阻抗控制在最低，增大发送距离	充电部分和接收部分均采用 2.45 GHz 的微波
使用频率范围	22 kHz	13.56 MHz	2.45 GHz
输出功率	30 kW	1 kW	1 kW
传送距离	100 mm	400 mm	1 000 mm
充电效率	92%	95%	38%
日本研制企业	昭和飞行机工业	长野日本无线	三菱重工业

电动汽车无线充电方式是近几年国外的研究成果，其原理就像在车里使用的移动电话，将电能转换成一种符合现行技术标准要求的特殊的激光或微波束，在汽车顶上安装一个专用天线接收即可。有了无线充电技术，公路上行驶的电动汽车或双能源汽车可通过安装在电线杆或其他高层建筑上的发射器快速补充电能。电费将从汽车上安装的预付卡中扣除。

电动汽车充电不再需要电源插座或充电电缆。利用感应充电法，电能通过埋在路面下的充电板无线传送给汽车的蓄电池，实现从路面直接给汽车充电。这一技术将极大地降低充电时间，以沃尔沃 C30 电动汽车为例，其进行感应式充电在蓄电池完全放电的情况下，给 24 kW·h 大小的蓄电池组完全充电，预计仅用 80 min。

微波充电方式也称移动式充电。对电动汽车蓄电池而言，最理想的情况是汽车在路上巡航时充电，即所谓的移动式充电（MAC）。这样，电动汽车用户就没有必要去寻找充电站、停放车辆并花费时间去充电了。MAC 系统埋设在一段路面之下（即充电区），不需要额外的空间。

接触式和感应式的 MAC 系统都可实施。对于接触式的 MAC 系统而言，需要在车体的底部装一个接触拱，通过与嵌在路面上的充电元件相接触，接触拱便可获得瞬时高电流。当电动汽车巡航通过 MAC 池组的方式，其充电过程为脉冲充电。对于感应式的 MAC 系统，车载式接触拱由感应线圈所取代，嵌在路面上的充电元件由可产生强磁场的高电流绕组所取代。很明显，由于机械损耗和接触拱的安装位置等因素的影响，接触式的 MAC 对人们的吸引力不大。

电磁感应式非接触充电系统存在以下三方面的问题：

（1）送电距离比较短，如果两个线圈的横向偏差较大，传输效率就会明显下降。目前来看只能实现传输距离为 10 cm 左右，而底盘的距离明显与这个距离有着非常大的距离，因此这是一个很大的问题。

（2）需要考虑很多的散热问题，比如线圈之间的发热。

（3）耦合的辐射问题，电磁波的耦合会不会存在大的磁场泄漏。电磁感应在线圈之间传输电力，如同我们的磁铁一样，在外圈有一定的泄漏，人如何避免受影响是个很大问题。线圈之间也是有可能有杂物进入的，还有某些动物（猫、狗）进入里面，一旦产生电涡流，就如同电磁炉一样，安全性问题非常明显。一般来说，利用电磁感应原理的无线供电技术最具现实性，并且现在在电动汽车上有实际应用。

磁场共振式供电，目前技术上的难点是：小型、高效率化。现在的技术能力大约是直径 0.5 m 的线圈，能在 1 m 左右的距离提供 60 W 的电力。磁场共振方式是现在最被看好，并被认为是将来最有希望广泛应用于电动汽车的一种方式。

电磁波送电方式，现在则提出了利用这种技术的"太空太阳能发电技术"。这种技术若能应用的话，可以从根本上解决电力问题。无线供电，使电动汽车可以提供这么一种可能：一辆电动汽车从出厂到它报废为止，终生不用你去理会电力补充问题。电动汽车在太阳能电池技术、无线供电技术以及自动驾驶技术的支持下，完全可以颠覆现在的交通概念。许多年以后，在高速公路上，汽车在自动行驶，而汽车、电脑、手机需要的所有电力都来自从路面下铺装的供电系统，或者来自汽车上的接收装置接收的电磁波。随着电动汽车的发展，无线充电技术必定有着广阔的利用空间。

综上所述，目前电动汽车的充电还是采用普通充电为主，快速补充充电为辅的充电方式。对于电动公交车而言，充电站设在公交车总站内，在晚间下班后利用低谷充电，时间 5~6 h。其全天运行的车辆，续驶里程不够时，可利用中间休息待班时间进行补充充电。充电器的数量和容量根据车队的规模而定，充电站由车队管理。1~3C 的快速充电模式，已经在探讨应用，但应确保在电池的安全使用寿命的前提下进行。

5. 未来其他前沿技术

Atair 纳米技术公司为电动汽车开发的锂离子电池可以极快的充电，容量高达 35 kW·h 时的电池可以在 10 min 之内充电充毕，安装这种电池的载人小汽车可以续驶 160 km。10 min 之内把 35 kW·h 的电池充电完毕需要 250 kW 的充电功率，这是一栋办公大楼最大用电负荷的 5 倍。

麻省理工学院研究人员发明了一项充电材料表面处理技术，利用这种新技术制造的手机电池可在 10 s 内完成充电，汽车电池可在 5 min 内充好电。一块锂电池完成充电一般需要 6 min 或更长的时间，但传统的磷酸铁锂材料在经过表面处理生成纳米级沟槽后，可将电池的充电速度提升 36 倍（仅为 10 s）。麻省理工学院研究人员称，由于这项技术不需要新材料，只是改变制造电池的方法，所以用两年到三年时间就可以将这项技术市场化。

据索尼公司官方新闻稿表示，索尼公司已经开发出了一种快速充电锂离子电池，仅需半个小时就能让电池充电 99%，功率可达 1 800 W/kg，并可延长 2 000 次循环充放电寿命。这种电池采用磷酸铁锂作为阴极材料，以增强阴极的晶体结构并能保证其高温状态下的稳定性。通过与索尼公司新设计的粒子技术阳极材料组合，该电池可以有效降低电阻，并提高输出功率。

V2G 是 Vehicle‐to‐Gid 的简称，它描述了这样的一个系统：当混合电动汽车不运行的时候，通过连接到电网的电动机将能量传给电网，反过来，当电动汽车的电池需要充满时，电流可以从电网中提取出来给到电池。

✳ 二、充电机功能

随着我国新能源汽车，特别是纯电动汽车的迅速发展，电动汽车充电站及其配套充电设备必将处于新能源充电的设备前沿位置。

电动汽车充电机是一种专为电动汽车的车用电池充电的设备，按安装方式不同可分为车载式和非车载式两种，分别采用相应的充电方式完成对车载蓄电池充电的功能。车载充电机指安装在电动汽车内部的充电机；非车载充电机指安装在电动汽车外，与交流电网连接并为电动汽车动力电池提供直流电能的充电机。充电站安装的非车载充电机还需具备计量计费功能。一般情况下，充电机应至少能为以下三种类型动力蓄电池中的一种充电：铁锂离子蓄电池、铅酸蓄电池、镍氢蓄电池。

根据电流种类不同，充电桩可分为交流充电桩和直流充电桩两种。交流充电桩是安装在电动汽车外，与交流电网连接，为电动汽车车载充电机提供交流电源的供电装置，同时具备计量计费功能；直流充电桩是固定安装在电动汽车外，与交流电网连接，为电动汽车动力电池提供小功率直流电源的供电装置。直流充电桩具有充电机功能，可以实时监视并控制被充电电池状态，同时直流充电桩可以对充电电量进行计量。

1. 充电设定方式

1）自动设定方式

自动设定方式是在充电过程中，充电机依据蓄电池管理系统提供的数据动态调整充电参数、执行相应动作，完成充电过程。

2）手动设定方式

手动设定方式是由操作人员设置充电机的充电方式、充电电压、充电电流等参数，在电动汽车与充电机连接正常且充电参数不应超过电动汽车蓄电池管理单元最大许可范围时，充电机根据设定参数执行相应操作，完成充电过程。充电机采用手动设定方式时，应具有明确的操作指示信息。

充电机采用高频开关电源模块。其主要功能是将交流电源变换为高质量的直流电源，应采用脉冲宽度调制方式原理。高频开关电源模块应由全波整流及滤波器、高频变换及高频变压器、高频整流滤波器等组成。

每个高频开关电源模块内部应具有监控功能，显示输出电压/电流值，当监控单元故障或退出工作时，高频开关电源模块应停止输出电压。正常工作时，模块应与直流充电机监控单元通信，接收监控单元的指令。

高频开关电源模块应具有交流输入过电压保护、交流输入欠电压报警、交流输入缺相报警、直流输出过电压保护、直流输出过电流保护、限流及短路保护、模块过热保护及模块故障报警功能。模块应具有报警和运行指示灯，任何异常信号应上送到监控单元。

充电机不同相位的两路或多路交流输入进线应均匀接入充电机高频开关电源模块上，以实现脉波整流。高频开关电源模块应具有带电插拔更换功能，具有软起动功能，软起动时间为 3~8 s，以防开机电压冲击。充电机应具有限压限流特性：

（1）限压特性：充电机在恒流充电状态运行时，当输出直流电压超过限压整定值时，应能自动限制其输出电压增加。

（2）限流特性：充电机在稳压状态下运行时，当对蓄电池的充电电流超过电池的限流整定值或输出直流电流超过充电机总限流整定值时，应能立即进入限流状态，自动限制其输出电流增加。全自动充电机可适用的电池类型：镍铬电池、镍氢电池、铅酸电池、锂离子电池等。

充电机充电特性：采用智能充电技术，充电过程无须人工干预。严格按照蓄电池充电特性曲线进行充电，采用"恒流→恒压限流→涓流浮充"智能三阶段充电模式，使每节电池都能够较快地充分地充满电，避免过充电，完全做到全自动切换功能。

2. 充电功能

1）充电模式——智能三阶段充电模式

充电初期采用恒流技术，使充电电流恒定，避免损坏电池和加速电池的老化。

充电电压达到上限电压时自动转换为恒压限流充电，有效地提高了蓄电池的容量转换效率。

涓流充电使各单体电池均衡受电，保证电池容量得以最大限度恢复，有效解决单体电压不均衡现象，避免了市电电压的变化和蓄电池充电的末期造成的蓄电池过压充电的危险，大大延长了蓄电池的使用寿命。

适用电池范围广，充电电流可在10%至额定值内任意设定，且不受输入交流电压变化的影响，在恒流充电期间电流维持不变，无须人为再调整。

2）特殊功能数据转储和处理

充电结束后，采集的数据可经 U 盘转存或经 RS232 接口直接上传计算机，经配套的数据处理软件后台处理后，可自动生成各种图表，为判别整组电池的优劣提供了科学的依据（注：充电机起动、停电后恢复充电应需人工确认，充电机应具有急停开关）。

3. 监控功能

直流充电机的监控单元应具有完善的监控功能。其至少应具有以下监控功能：

1）模拟量测量显示功能

测量显示充电机交流输入电压、充电机输出电压/电流、各个高频电源模块输出电流等。监控单元电流测量精度在 20%~100% 的额定电流范围内，其误差应不超过 ±1%；电压测量精度在 90%~120% 的额定电压范围内，其误差应不超过 +0.5%。

2）控制功能

监控单元应能适应充电机各种运行方式，能够控制充电机自动进行恒流限压充电→恒压充电→停止充电运行状态。

3）报警功能

充电机交流输入异常、电源模块报警/故障、直流输出过/欠压、直流输出过流、充电机直流侧开关跳闸/熔断器熔断、充电机故障、充电机监控单元与充电站监控系统通信中断、监控单元故障时，监控单元应能发出声光报警，并应以硬接点形式和通信口输出到监控系统。

4）事件记录功能

监控单元应能储存不少于100条事件。充电机报警、充电开始/结束时间等均应有事件记录，应能保存至少20次充电过程曲线，事件记录和曲线具有掉电保持功能。

5）参数整定和操作权限管理

监控单元应具有充电机参数整定和操作权限密码管理功能，任何改变运行方式和运行参数的操作均需要权限确认。

6）对时功能

监控单元至少应满足 PPS（秒脉冲）、PPM（分脉冲）对时要求，宜能接收 IRIG – B（DC）码来满足对时要求，且 GPS 标准时钟的对时误差应不大于 1 ms。

4. 显示功能

显示输出功能应包含显示下列信息：

（1）电池类型、充电电压、充电电流、充电功率、充电时间、电能量计量和计费信息。

（2）在手动设定过程中应显示人工输入信息。

（3）在出现故障时应有相应的提示信息。

（4）可根据需要显示电池最高和最低温度。

5. 通信功能

通信内容包括：蓄电池组标识、蓄电池组类型、蓄电池组容量、蓄电池组状态、蓄电池组故障代码、蓄电池组电压、蓄电池组充电电流、蓄电池组充电功率、蓄电池组充电时间、蓄电池组充电电能、单体蓄电池电压、单体蓄电池荷电、蓄电池温度等；充电机的充电状态、充电机故障代码、充电机交流侧开关状态、充电机直流输出电压、充电机直流输出电流、充电机直流侧开关状态、充电机直流侧开关跳闸；监控单元输出、监控单元故障、充电机与监控系统通信中断等；后台监控系统输出充电机开/关机、充电机紧急停机、充电机参数设置等。

6. 典型电动汽车智能充电及管理系统功能

电动汽车智能充电及管理系统能够实现对电池的检测、维护、保养，续驶里程估算，内阻检测估算、电能计费、联网监控、人机交互显示等功能，如图 7.3、图 7.4 所示。

 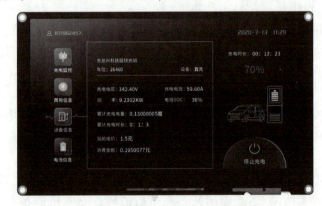

图 7.3　直流充电桩　　　　　　　图 7.4　充电桩的显示界面

采用多种充电模式：充电电流大、充电热量少、充电速度快、还原效率高、超时充电无过充危险，较一般的充电方式提高 50%~60%。采用均衡充电：针对锂电池、铁锂电池抗过充能力差，实现动态均衡充电功能。避免不平衡趋势恶化，提高电池组的充电电压，并对电池进行活化充电，有效延长电池使用寿命。其具有快速充电：充电 10 ~ 15 min，充足额定电量的 80% 以上，续驶里程可达 200 ~ 300 km。

内阻检测功能：智能电池单体检测、内阻检测技术，在线巡回检测每节单体电池状况，预测各节电池供电性能，及时发现劣化电池，立即报警，为电池组"精细"维护提供测量依据。

除硫养护功能：抑制硫化产生、降低硫化速度，可使蓄电池组的容量恢复到标称容量的95%以上，达到长期在线对电池进行防硫养护和修复的作用。

电量计费功能：充电站输入电量、充电主机输入电量、输出电能总体计量；用户充电消费已充电量、计费单价、消费金额等存储、显示和统计。

联网监控：通过 GPS 定位系统、CAN 总线装置、载波通信，监控中心对充电主机、终端、充电桩进行远程控制，实时记录充电、配电、电池维护等监控数据，异常现象声控报警，并通过通信口输出到监控系统。

续驶里程估算：对电动汽车车载电池的电压、内阻检测及电量容量估算，实时评估电量信息，同时估算续驶里程，避免车主遭遇电量用完的尴尬，更方便用户出行。

抗磁干扰：双绞屏蔽网络通信线置金属管中；超强滤波电路设计，严格执行通信协议，多重正确条件校验设置，全面差错校正。

人机交互：触控数字液晶屏显示、语音提示、友好人机界而、显示 RFTD 卡（选配）、IC 卡卡号、计费单价、充电模式、充电电压、充电电流、已充电量、所剩余额、消费金额等，并打印单据。

✺ 三、电动汽车传导式充电接口

电动汽车传导式充电接口标准适用于交流额定电压最大值为 380 V 和直流额定电压最大值为 600 V 的电动汽车用传导式充电接口。

国标规定了两种充电接口：一种是将交流供电电网连接到车载充电机上进行充电的"交流充电"接口；另一种是利用非车载充电机（充电桩）对电动汽车进行"直流充电"的接口。

注：日本和美国充电机采用单相 230 V AC 供电，电流 32 A 输出，针脚数量为 5；意大利采用单相 230 V AC 供电，16 A 输出，针脚数量为 4～5；德国采用单相或三相 500 V AC，单相电流 70 A、三相电流 63 A，针脚数量为 7；中国标准单相 220 V AC，单相最大电流 32 A，三相 380 V AC，三相最大电流 63 A，针脚数量为 7。

电动汽车国家标准对插头和充电接口的材质、接触电阻、工作时额定电流、额定电压、插拔力、电气性能、防水等级、断开状态、充电状态、防松设置、及时断开等都做了规定。

1. 交流充电接口

交流充电接口包含 7 个端子，交流充电接口插头和插座的各个端子布置方式如图 7.5 所示。交流充电接口端子功能定义：L1、L2、L3 为三相交流电；N 为中线；PE 为保护接地；CP 为控制确认 1；PP 为控制确认 2，共 7 个端子。

电动汽车充电模式有以下三种：

（1）充电模式 1：使用车载充电机对电动汽车进行充电时，充电电缆通过符合 GB 2099.1—2021 要求的额定电流为 16 A 的插头、插座与交流电网进行连接。其额定电压和额定电流应符合要求，单相 220 V 交流、电流 16 A，作为家用额定电流为 16 A 的标准插座连接交流电网。交流充电接口端子连接方式为 L1 + N + PE + CP + PP。

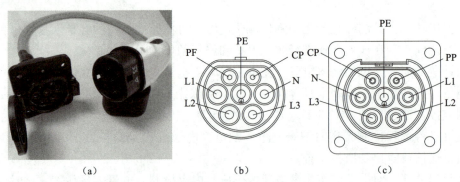

图 7.5　交流充电接口插头和插座端子布置图
（a）实物图；（b）插头；（c）插座

（2）充电模式 2：包括三种模式，使用特定的供电设备为电动汽车提供交流电源：作为商场、停车场等通过特定的供电设备为电动汽车提供交流电源。根据额定电压和额定电流的不同等级将充电模式具体分为：

①模式 2.1：采用单相 220 V 交流、电流 32 A，交流充电接口端子连接方式为 L1 + N + PE + CP + PP；

②模式 2.2：三相 380 V 交流、电流 32 A，交流充电接口端子连接方式为 L1 + L2 + L3 + N + PE + CP + PP；

③模式 2.3：三相 380 V 交流、电流 63 A，交流充电接口端子连接方式为 L1 + L2 + L3 + N + PE + CP + PP。

（3）充电模式 3：使用非车载充电机对电动汽车进行直流充电，其额定电压 600 V DC、额定电流 300 A，作为高速公路服务区、充电站等通过非车载充电机对电动汽车进行直流充电，交流充电接口端子连接方式为 L1 + L2 + L3 + N + PE + CP + PP。

注：在充电插头的明显区域（如锁紧装置的控制按钮表面）应有不同颜色来表示不同的充电模式。蓝色：充电模式 1；黄色：充电模式 2.1；橙色：充电模式 2.2；红色：充电模式 2.3；红色：充电模式 3。在供电装置一侧须安装漏电流保护装置，建议在供电装置一侧安装手动或自动断路器。出于安全的考虑，在充电接口连接过程中，首先连接保护搭铁端子，最后连接控制确认端子。在脱开的过程中，首先断开控制确认端子，最后断开保护搭铁端子。

交流充电接口界面示意图如图 7.6 所示。

2. 直流充电接口功能

直流充电接口包含 8 个端子，各个端子的布置方式如图 7.7 所示。直流充电接口端子功能定义如下：DC + 为直流电源正；DC − 为直流电源负；PE 保护搭铁端子在连接时最先连接和最后断开；S + 为充电通信 CAN − H；S − 为充电通信 CAN − L；三角号为充电 CAN 屏蔽；A + 为低压辅助电源正；A − 为低压辅助电源负，为非车载充电机向电动汽车软件提供低压电源。

出于安全的考虑，在充电接口连接过程中，端子连接顺序为：保护搭铁、直流电源正与直流电源负、低压辅助电源正、低压辅助电源负、充电通信。在脱开的过程中则顺序相反。

确认充电接口的连接。电动汽车的车辆控制装置能够通过测量检测点的峰值电压判断充

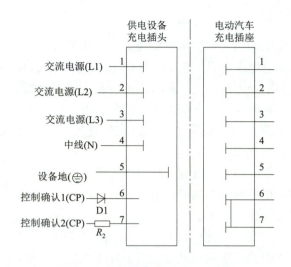

图 7.6　交流充电接口界面示意图

充电插头控制确认 1 点 6 脚（CP）内置二极管是检测点，控制确认 2 点 7 脚 PP 有一电阻。
汽车充电口中 6 脚和 7 脚内部相通，同时应注意插头内芯子长短的不同。

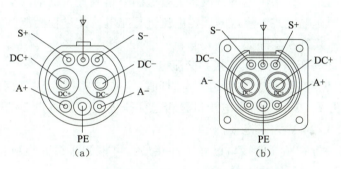

图 7.7　直流接口充电插头和充电插座布置图

（a）插头；（b）插座

电插头与充电插座是否已充分连接。电流容量的判断是车辆控制装置通过测量检测点 2 的电压值来确认充电电缆的额定电流，并通过判断该点的占空比确认当前供电设备能提供的最大电流值。电动汽车的车辆控制装置对供电设备、充电电缆及车载充电机电流值进行比较后，按照其中的最小电流值对电动汽车进行充电。

　　充电过程中输出功率的调整是车辆控制装置应对监测点 2 信号的占空比进行不间断地监测。当接收的振荡信号占空比有变化时，车辆控制装置应实时调整车载充电机的输出功率。

　　充电系统的停止是在充电过程中，车辆控制装置不间断测量检测点 2 的峰值电压或占空比，如果信号异常，车辆控制装置应立即关闭车载充电机的输出。供电设备在充电过程中不间断测量检测点 1 的峰值电压，如果信号异常则断开交流输出端的接触器或开关。

　　在供电设备无故障情况下，其内部开关为常闭状态。当使用充电电缆将供电设备与电动汽车连接完毕后，供电设备通过测量检测点 1 的峰值电压判断充电电缆是否连接完毕。当供电设备接收到起动信号（如刷卡等）后，闭合其交流输出端的接触器或开关，为电动汽车的车载充电机进行供电。

　　电动汽车的车辆控制装置通过检测点 2 的峰值电压，判断充电插头与充电插座是否已充分连接。

充电系统的起动。在电动汽车和供电设备建立电气连接后，车辆控制装置通过测量检测点 2 的峰值电压，确认充电电缆的额定电流。电阻 R_2 的阻值与充电电缆额定电流有对应关系，车辆控制装置通过判断该点的占空比确认供电设备当前能够提供的最大充电电流值。车辆控制装置对供电设备、充电电缆及车载充电机的额定电流值三者进行比较，将其最小值设定为当前最大允许供电电流。当判断充电接口已充分连接并设置完当前最大允许充电电流后，车载充电机开始对电动汽车进行充电。

在整个充电过程中，不间断地检查充电接口的连接状态及供电设备的功率变化情况。车辆控制装置应不间断地测量检测点 2 的峰值电压及占空比。当占空比有变化时，车辆控制装置应实时调整车载充电机的输出功率。

充电系统的故障停止。在整个充电过程中，检测点 2 的信号（电压及占空比）出现异常时，车辆控制装置应立即关闭车载充电机输出，停止充电。供电设备在充电过程中不间断测量检测点 1 的峰值电压，如果信号异常则断开交流输出端的接触器或开关。

特殊模式充电。在充电模式 1 中，充电电缆上可配备占空比固定为 20% 的振荡电路装置来作为控制导引电路。如果供电设备没有配备振荡电路装置，电动汽车在判断充电电缆完全连接后，可以按照充电模式 1 规定的额定电流进行充电。此过程交流供电装置一侧应安装手动或自动断路器。其判断步骤如下：

（1）用充电电缆将车载充电机连接到交流电网。

（2）车辆控制装置在初次上电后的一定时间内（如 5 s）没有接收到振荡器的振荡信号，闭合特殊模式开关 S2 后判断充电接口是否已完全连接（检测点 2 的电压小于 2 V/4 V 为已连接，等于 12 V/24 V 为未连接）。

（3）车辆控制装置判断充电接口已完全连接后，可控制车载充电机按照充电模式 1 规定额定电流对电动汽车进行充电。

（4）车辆控制装置应在充电过程中不间断地监测充电接口连接状态，一旦异常应立即关闭车载充电机。

直流充电接口带载插拔保护原理。在充电过程中，如果没有严格的保护控制措施，直流充电接口的带载插拔会对操作人员造成伤害。因此需要电动汽车的电池管理系统与非车载充电设备相互协调并在充电逻辑上加以控制，从而保证充电接口在插拔过程中不带负载分断。

保护原理是充电接口的插头分别设有相对应的通信端子、直流输出端子及低压辅助电源端子。拔开充电接口时，端子的断开顺序为：通信端子、低压辅助电源端子、直流输出端子。

充电时的控制逻辑顺序。电池管理系统与非车载充电设备（充电桩）在充电过程中的控制逻辑顺序为：

（1）充电设备通过低压辅助电源端子向电动汽车的电池管理系统供电。

（2）电池管理系统与非车载充电设备进行通信。

（3）在完成握手阶段、配置阶段后，非车载充电设备开始对电动汽车进行充电。

（4）充电过程中，如果 100 ms 内非车载充电设备没有收到电池管理系统周期发送的充电级别需求报文，非车载充电设备立即关闭输出。

（5）充电过程中，如果低压辅助电源端子断开，应由这路接触器切断直流充电回路。

任务二　电动汽车高压安全

在高压电操作中，千万不要把自己串入正负极之间构成导电回路，以免造成触电的严重事故。另外，正或负直流母线与车身意外相连将存在严重的高压电击隐患，一旦人员在车上接触了高压电负极或正极将造成严重电击伤或死亡。

一、TN 网络原理

高压安全措施和注意事项的基本原理可利用 TN 网络进行说明（如住宅线路）。TN = 搭铁零线（共用搭铁）如图7.8、图7.9所示。

民用住宅的单相220 V（230 V）或三相380 V（400 V）是从三相变压器的次级绕组取出的，如图7.8所示 L1、L2、L3 为三相火线，线间电压为 380 V，可接入三相电动机。对于单相 220 V 如单相电动机或照明用电则采用相电压 220 V 供电。注意：PE 是保护搭铁的缩写，N 是中性点的缩写，PE/N 意为中性点作为保护搭铁，一个供电网络要有多个 PE/N，PE/N 在图中左接变压器的中心抽头，右接住宅大楼的暖气管道和楼体钢盘笼，图中的照明灯零线回路是通过熔丝盒内的搭铁螺钉 N 将电流导入住宅的等电位黏接轨，从 PE/N 流回变压器中心抽头形成回路，这是单相两线电器工作原理。单相三线工作原理是诸如电饭煲除了要用电器工作外，还要防止壳体漏电，所以在壳体上接保护搭铁线起保护作用，保护搭铁即把用电器壳体和用电器的零线相连，零线和真实土地的地等电位，由于人总是站在真实地上，真实地和用电器壳体等电位，所以不会造成触电。

如果用电器壳体漏电，电流可经由第三根地线经 PE 后通过熔丝盒内的搭铁螺钉 N 将电流导入住宅的等电位黏接轨，不会造成触电危险。

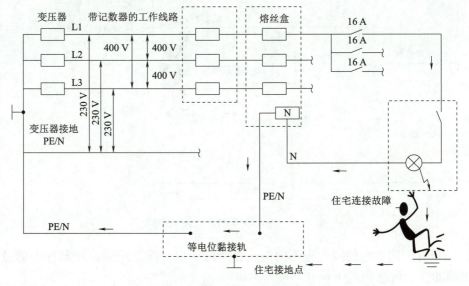

图7.8　不安全的 TN 网络原理

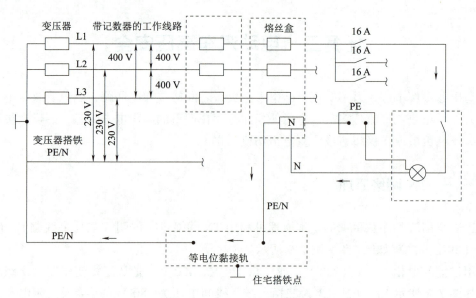

图 7.9　安全 TN 网络原理

❈ 二、现代电动汽车的安全措施

1. 电动汽车的高压安全措施

图 7.10 所示为电动汽车的高压安全措施。

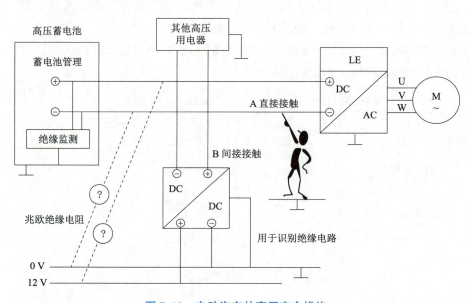

图 7.10　电动汽车的高压安全措施

（1）用带有不同颜色的线代表不同电压，所以一定要高度重视高压部件上的橙色高压线路和上面的警示信息。

（2）带高压电零件的防接触保护。采用多层（三层）绝缘防止意外直接或间接接触带电零件。

（3）电隔离。高压电采用正负极与车辆搭铁绝缘。发生简单故障时，这种保护可以防止电击。

（4）绝缘电阻监测。检测整个高压系统有无绝缘故障，并在仪表中用声音或光提示故障。

（5）高压互锁。对整个高压系统设置一个导通环。如果导通环传送的信号中断，切断电压并对高压系统的电容进行放电。

（6）服务断开/高压接通锁。工作人员使用诊断辅助系统断开电压后，不仅要确保关闭整个高压系统（高压互锁打开），还要防止高压系统通过"点火开关开启"重新接通。借助高压接通锁的插入（搭铁），对高压系统又加了一道防止接通的保险。

（7）在碰撞时切断高压系统。通过碰撞识别触发断开蓄电池和停止发电机发电模式，并将母线电容器放电至允许的电压极限以下。另外在短路时切断高压系统，并将母线电容器放电至允许的电压极限以下。

2. 电动汽车绝缘电阻监测方法

电动汽车是一个复杂的机电一体化产品，其中的许多部件包括动力电池、电动机、充电机、能量回收装置、辅助电池充电装置等都会涉及高压电器绝缘问题。这些部件的工作条件比较恶劣，振动、酸碱气体的腐蚀、温度及湿度的变化，都有可能造成动力电缆及其他绝缘材料迅速老化甚至绝缘破损，使设备绝缘强度大大降低，危及人身安全。

电动汽车的绝缘状况以直流正负母线对地的绝缘电阻来衡量。电动汽车的国际标准规定：绝缘电阻值除以电动汽车直流系统标称电压 U，结果应大于 $100\ \Omega/\mathrm{V}$，才符合安全要求。标准中推荐的牵引蓄电池绝缘电阻测量方法适用于静态测试，而不满足实时监测的要求。

通过测量电动汽车直流母线与电底盘之间的电压，计算得到系统的绝缘电阻值。假设电动汽车的直流系统电压（即电池总电压）为 U，待测的正、负母线与电底盘之间的绝缘电阻分别为 R_P、R_N，正、负母线与电底盘之间的电压分别为 U_P、U_N，则测直流系统的等效模型如图 7.11 所示。

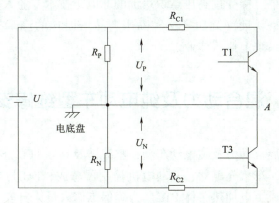

图 7.11 电动汽车绝缘电阻测量原理

图 7.11 中 R_C1、R_C2 为测量用的已知阻值的标准电阻。工作原理如下：当电子开关 T1、

T3 全部断开时，测量正、负母线与电底盘之间的电压分别为 U_{PO}、U_{NO}，由电路定律可以得

$$U_{PO}/R_P = U_{NO}/R_N \qquad (7-1)$$

当电子开关 T1 闭合、T3 断开时，则在正母线与电底盘之间加入标准偏置电阻 R_{C1}，测量正、负母线与电底盘之间的电压分别为 U_{PP}、U_{NP}，同样可以得

$$\frac{U_{PP}}{R_P} + \frac{U_{PF}}{R_{C1}} = \frac{U_{NP}}{R_N} \qquad (7-2)$$

通过式（7-1）和式（7-2）解出正、负母线与电底盘之间的绝缘电阻分别为 R_P、R_N。同样，绝缘电阻在以下 2 种情况也可以得到：T1、T3 全部断开和 T1 断开、T3 闭合；T1 闭合、T3 断开和 T1 断开、T3 闭合。由上述计算公式可知，绝缘电阻 R_P、R_N 的具体数值由 4 个测量电压值和已知标准电阻计算得到，最终结果的精度与电压测量和标准电阻的精度直接相关。另外，开关动作前后，电池电压随汽车加、减速的变化对结果的影响也应分析。电动汽车的绝缘电阻一般是缓变参数，而测量过程很快，因此可以认为测量过程中实际待测绝缘电阻阻值保持不变。

绝缘电阻监测模块主要完成如下几方面功能：正负母线对电底盘的电压测量、标准偏置电阻的投切控制、报警参数设置、声光报警电路、液晶显示及通信。

一般来讲，电动汽车的标称电压在 90 ~ 500 V，实际偏置电阻因电压不同而不同，运行过程中电池电压存在一定的波动范围，并且待测绝缘电阻也有一定的变化范围，因此，通用型监测系统的电压测量电路必须保证在全范围内实现等精度的测量，而且正、负母线对地电压的测量必须同时完成。

3. 混合动力电动汽车（高压）的注意事项

如果员工没有接受高压意识培训，不允许在混合动力汽车上执行操作。如果员工在车辆上的"工作"仅限于操作或客户咨询，如阐述驾驶室管理及数据系统，则不必进行高压意识培训。此外，只是简单驾驶车辆时也没有必要进行高压意识培训，如洗车人员将车辆驶向洗车装置。如果员工在车辆上执行操作、阐述或简单驾驶车辆之外的"工作"，一定要进行高压意识培训。甚至开启发动机罩，如清洗发动机或添加风窗玻璃清洗液，也要求进行高压意识培训。员工如果不具有高压资格和高压产品资格，不得在高压网络上作业；不遵守相关注意事项会导致严重结果。接受过高压意识培训的非电工技术专业人员可以在高压系统外执行作业。接受过附加资格认证（高压资格和高压产品培训）的汽车技师、电气技师、机械电子工程师可以在高压系统上执行作业。

任务三　混合动力及纯电动车型维修安全规范

搭载电动力系统的混合动力及纯电动车型，整车涉及高压的部分有：整车橙色线束、动力电池包、高压配电箱、车载充电器、驱动电机控制器总成、DC 与空调驱动器总成、电动力总成、电动压缩机总成、电加热芯体 PTC。为确保维修人员人身安全，避免违规操作引起安全事故，在维修高压部分时，请参考以下规范要求。

✸ 一、安全防护要求

（1）维修人员必须佩戴必要的安全防护用品，如绝缘手套（需准备防高压电工手套以及防电池电解液酸碱性两种手套）、绝缘胶鞋、绝缘胶垫和防护眼镜等，其耐压等级必须大于需要测量的最高电压，如图7.12所示。

（a）　　　　　　（b）　　　　　　（c）　　　　　　（d）

图7.12　必要的安全防护用品
（a）绝缘手套；（b）绝缘鞋；（c）绝缘胶垫；（d）护目镜

（2）使用前必须检查绝缘手套是否有破损、破洞或裂纹等，应完好无损，确保安全。

（3）使用前必须检查绝缘手套、绝缘胶鞋等防护用品，不能带水进行操作，保证内外表面洁净、干燥，确保安全。

（4）维修车辆时，必须设置专职监护人一名，监护人工作职责为监督维修的全过程，具体如下：

①监督维修人员组成、工具使用、防护用品佩戴、备件安全保护、维修安全警示牌等是否符合要求；

②检查紧急维修开关的接通和断开；

③负责对维修过程中的安全维修操作规程进行检查，监护人要按安全维修操作规程指挥操作，维修人员在做完一个操作后要告知监护人，监护人要在作业流程单上做标记；

④监护人要认真负责，确保维修过程的安全，避免发生安全责任事故；

⑤监护人及维修人员必须具备国家认可的《特种作业操作证（电工)》与《初级（含）以上电工证》职业资格证书；

⑥监护人及维修人员必须经过生产厂家关于混合动力及纯电动车型培训，并通过考核。

（5）严禁未经培训的人员进行高压部分检修，禁止一切带有侥幸心理的危险操作，避免发生安全事故。

✸ 二、安全维修操作规范

（1）高压部件识别，包括：

①整车橙色线束均为高压线；

②动力电池包连至电源管理器的红色电压采样线束；

③高压零部件，包括：动力电池包、高压配电箱、车载充电器、太阳能充电器、驱动电机控制器总成、DC与空调驱动器总成、电动力总成、电动压缩机总成、电加热芯体PTC。

（2）检修高压系统时，点火开关必须处于 OFF 挡（若为智能钥匙系统，则使车辆不在智能钥匙感应范围内，并且车辆处于非充电状态），并拔下紧急维修开关。紧急维修开关拔下后，由专职监护人员保管，并确保在维修过程中不会有人将其插到高压配电箱上。

①断开紧急维修开关只是切断了从高压配电箱到各个高压用电设备的电源，并不能切断动力电池包到高压配电箱的电源；

②当需要维修或更换高压配电箱时，应小心拔出连接动力电池包的电缆正、负极高压接插件，使用绝缘胶带包好裸露出的桩头，避免触电。

（3）在断开紧急维修开关 5 min 后，检修高压系统前应使用万用表测量整车高压回路，确保无电。

需注意的是：

①确定方法。拔下紧急维修开关手柄后，测量动力电池包正极和车身之间的电压来初步判断是否漏电，若检测到电压大于等于 50 V，应立即停止操作，按动力电地包漏电检测方法检查。

②使用万用表测量高压时，需注意选择正确量程，检测用万用表精度不低于 0.5 级，要求具有直流电压测量挡位，量程范围不小于或等于 500 V，并遵守"单手操作"原则。

③所使用的万用表一根表笔线上配备绝缘鳄鱼夹（要求耐压为 3 kV，过电流能力大于 5 A），测量时先把鳄鱼夹夹到电路的一个端子上，然后用另一只表笔接到需测量的端子测量读数。每次测量时只能用一只手握住表笔；测量过程中，严禁触摸表笔金属部分。

（4）调试高、低压系统注意事项，如下：

①调试低压前必须断开紧急维修开关；

②调试高压时，必须由专职监护人指挥装配紧急维修开关；

③调试高压必须在低压调试好的前提下调试，便于判断动力电池包是否有漏电的情况，如有漏电情况应及时检查，不能进行高压调试。

（5）拆装动力电池包总成时，首先把高压配电箱连接高压线束插接件用绝缘胶带缠好，拆装过程不要损坏线束，以免发生触电危险。

（6）检修或更换高压线束、油管等经过车身钣金孔的部件时，需注意检查与车身钣金的防护是否正常，避免线束、油管磨损。

✳ 三、安全维修注意事项

（1）在维修作业前请采用安全隔离措施（使用警戒栏隔离），并树立高压警示牌，以警示相关人员，避免发生安全事故，如图 7.13 所示。

（2）在维修高压部分过程之前，请将车身用搭铁线连接到混合动力及纯电动车型专用维修工位的接地线上。

（3）在检修有电解液泄漏的动力电池包时，需佩戴防护眼镜，以防止电解液溅入眼中。

（4）在车辆上电前，注意确认是否还有人员在进行高压维修操作，避免发生危险。

（5）检修高压线束时，对拆下的任何高压配线应立刻用绝缘胶带包扎绝缘。注意：高压线束装配时，必须按照车身固定孔位要求将线束固定好。

（6）不能用手指触摸高压线束插接件里的带电部分，以免触电。另外应防止有细小的

图 7.13　安全隔离措施

金属工具或铁条等接触到接插件中的带电部分。

（7）若发生异常事故和火灾时，操作人员应立即切断高压回路，其他人员立即使用灭火器扑救，优先使用二氧化碳灭火器，其次使用干粉灭火器，严禁用水剂灭火器。

1. 电动汽车充电方式有哪些？各有什么特点？
2. 直流充电接口包含的 8 个端子的含义是什么？
3. 电动汽车采用哪些高压安全措施？
4. 搭载电动力系统的混合动力及纯电动车型，整车涉及高压的部分有哪些？

参 考 文 献

［1］顾惠烽. 新能源汽车维修入门全程图解 ［M］. 北京：化学工业出版社，2018.

［2］郑军武，吴书龙. 新能源汽车技术 ［M］. 长春：东北师范大学出版社，2016.

［3］王刚. 新能源汽车 ［M］. 北京：清华大学出版社，2015.

［4］Scott E. Grasman. 氢能源和车辆系统 ［M］. 王青春，等译. 北京：机械工业出版社，2014.

［5］何泽刚. 纯电动汽车常见故障诊断与排除 ［M］. 北京：机械工业出版社，2018.

［6］景平利. 走进新能源汽车 ［M］. 北京：机械工业出版社，2017.

［7］严朝勇. 电动汽车电机控制与驱动技术 ［M］. 北京：机械工业出版社，2018.

［8］吴荣辉. 新能源汽车认知与应用 ［M］. 北京：机械工业出版社，2018.